QIANMAI DIXIA BAOPO ZHENDONG YUCE JISHU

浅埋地下爆破振动
预测技术

张伟 著

化学工业出版社

·北京·

内 容 简 介

本书较系统地研究了浅埋地下爆破地震波的传播特性及建筑结构对爆破地震的响应问题，重点阐述了建筑结构爆破地震效应理论研究的新方法和新进展。首先，从岩石中爆炸破坏分区、振动参数等进行研究，深入研究爆破震源机制。其次，建立爆破地震波在半无限介质自由表面运动的计算模型，对运动规律和振动响应进行预测。最后，研究爆破振动信号的变化规律，实现了爆破振动规律由经验算法向理论的转变。

本书可供从事爆破工程、防灾减灾工程与防护工程、岩土工程、结构抗震工程等研究与设计施工的专业人员和工程技术人员参考，也可作为高校相关专业的研究生教材。

图书在版编目(CIP)数据

浅埋地下爆破振动预测技术 / 张伟著. —北京：
化学工业出版社，2021.10（2022.11 重印）
ISBN 978-7-122-39885-7

Ⅰ.①浅… Ⅱ.①张… Ⅲ.①建筑结构-爆破效应-
地震效应-研究 Ⅳ.①TU311.3

中国版本图书馆 CIP 数据核字（2021）第 187671 号

责任编辑：成荣霞　　　　　　　　文字编辑：任雅航　陈小滔
责任校对：王　静　　　　　　　　装帧设计：王晓宇

出版发行：化学工业出版社（北京市东城区青年湖南街 13 号　邮政编码 100011）
印　　装：北京七彩京通数码快印有限公司
710mm×1000mm　1/16　印张 13¼　字数 220 千字
2022 年 11 月北京第 1 版第 2 次印刷

购书咨询：010-64518888　　　　　售后服务：010-64518899
网　　址：http://www.cip.com.cn
凡购买本书，如有缺损质量问题，本社销售中心负责调换。

定　　价：88.00元

PREFACE

　　随着我国国民经济的持续、快速发展和大量基础建设的增加，工程爆破技术依靠其高效、快速等优点，已经被深入应用到国民经济建设的各个领域中。工程爆破的应用范围已由最初的采矿、修路和爆破山体等发展到今天的大型建（构）筑物的拆除、地下大型超市与停车场的建设、地铁的建设、隧道与基坑的开挖、人防工程、道路与机场的平整建设、核电站建设与核废料处理、地下军事掩体防护等空间的综合开发利用。工程爆破的应用大幅度降低了人们的劳动强度，迅速地提高了爆破工程的效率。

　　工程爆破在给人们带来快速、高效、低耗的同时，也带来了对周围环境的振动、个别飞散物、空气冲击波和噪声的负面效应，造成人员伤亡、财产损失，工程爆破对周围环境和建筑设施的负面影响尤其是爆破振动危害已成为人们关注的重点。在当今建设和谐小康社会的大环境下，随着人们环保意识的日益增强、工程爆破技术应用的日益广泛和应用领域的不断扩大，人们越来越关注爆破时产生的振动、飞石和冲击波等问题。

　　由于炸药爆炸与岩石间的相互作用是一个非常复杂的过程，涉及炸药的爆轰、岩石高应变率下的动态特性和破坏介质特性理论，同时爆破地质条件的多样性、结构形式和爆破方式的多样化致使对这种相互作用的了解非常肤浅，由此引起对爆破灾害产生的机制和减灾响应分析缺乏实质性认识，需要进行长期、深入、细致的研究。因此，浅埋地下爆破地震预测与减灾效应研究是岩土爆破界防灾减灾工程与防护工程亟待解决的热点问题，也是工程爆破界关注的焦点。

近十年来，笔者一直从事工程爆破的科研和技术服务工作，作为主要参与人员完成了多项控制爆破科研项目和大量爆破工程实践活动，积累了较多的爆破安全经验和研究成果。通过硕士、博士阶段的研究工作，在山东交通学院博士科研启动基金"大型工程中的控制爆破减灾效应分析关键技术研究"、山东交通学院科研基金"控制爆破减灾关键技术与爆破震动舒适性研究"、山东省土木工程防灾减灾重点实验室课题基金"浅埋地下爆破地震预测与减灾效应分析研究"（编号：CDPM2014KF04）与2019年省级水利科研与技术推广项目（SDSLKY201909)等基金的资助下，笔者在浅埋地下爆破地震预测与减灾效应研究方面取得了显著的成效，得出了许多有意义的结论。

随着爆破安全技术的科学化、规范化建设，爆破安全技术在提高爆破作业人员的安全技术水平，预防和减少爆破事故的发生，保障国家和人民群众的生命财产安全，让工程爆破更好地服务于国民经济建设奋斗目标等方面，将会发挥更加重要的作用。

本书在编写过程中参考了国内外工程爆破界同仁们的部分研究成果，在此一并表示感谢。由于作者水平有限，书中难免存在不足，有些观点和结论尚不成熟，敬请同行专家、读者批评指正。

张伟

2021年2月

CONTENTS

第 **1** 章

绪论

1.1

研究背景和意义

二十一世纪以来，随着我国国民经济的持续、快速发展和大量基础建设的增加，工程爆破技术依靠其高效、快速等优点，已经被深入应用到国民经济建设的各个领域中。工程爆破的应用范围已由最初的采矿、修路和爆破山体等发展到今天的大型建（构）筑物的拆除、地下大型超市与停车场的建设、地铁的建设、隧道与基坑的开挖、人防工程、道路与机场的平整建设、核电站建设与核废料处理、地下军事掩体防护等空间的综合开发利用；与此同时，爆破的环境也距离人们的生活、居住区越来越近，爆破的规模也越来越大，截至目前，爆破规模已达到一次起爆药量 12000 多吨。工程爆破的应用大幅度降低了人们的劳动强度，迅速地提高了爆破工程的效率。

在当今建设和谐小康社会的大环境下，随着人们环保意识的日益增强、工程爆破技术应用的日益广泛和应用领域的不断扩大，人们越来越关注爆破时产生的振动、飞石和冲击波等问题（例如爆破区周围建筑物的失稳变形与结构内外部损伤、爆破近区居民的爆破振动舒适度、山体的滑移、地下隧道中岩石的开裂或倒塌等）。而爆破振动被认为是工程爆破中的爆破振动、爆破飞石、爆破空气冲击波、噪声和有毒气体等五大公害之首，对爆破周围环境和建（构）筑物危害尤其严重，就更加受到人们的重视，已经成为国内外学者关注的热点[1-10]。

在爆破地震区的一定范围内，当爆破引起的地震动达到足够的强度时，就会对地面和地下建（构）筑物、工程设施等造成各种不同程度的破坏，这种由爆破地震动引起的各种现象及后果[1,2]称为爆破地震效应。当爆破产生的地震波达到一定强度时，就可能引起建（构）筑物的局部破坏或整体的倒塌，不仅影响建（构）筑物的正常使用，而且还可能影响人民生命安全和造成财产的损失，直接关系到爆破工程能否安全顺利地进行，以及能否获得预期的经济效益。

因此，研究浅埋地下爆破地震预测与减灾效应，特别是研究最根本的爆破震源机制以及爆破振动在地表面的动力响应，已经成为浅埋地下爆破振动效应研究的重要课题。近年来，国内外学者在爆破振动效应这一研究领域投入了大量的人力、物力和财力，分别从理论模型、测试仪器、测试方法、波形信号分析、计算机数值模拟、危害机制和振动控制等多方面进行了深入广泛的研究和探索，并取得了大量的研究成果[11-14]，为当今工程爆破的推广应用提供了重要的理论基础和技术支持。

　　然而，爆破地震波在岩体介质中的传播是个非常复杂的问题，受多方面因素的影响。一方面，由于爆破地震波所产生的爆破振动信号持续时间短、突变快，再加上爆破地震波本身的复杂性和爆破方式的多样性，使得爆破振动的复杂性很大。另一方面，在爆破地震波的传播过程中，由于岩体介质的差异性和建（构）筑物结构形式的不同，结构的振动响应也是复杂多样的。在岩体介质中的整个爆破过程和爆破地震波在地表面引起的动力响应等问题，属于多学科交叉研究领域，涉及爆炸力学、弹性动力学、非线性有限元理论、岩石力学与工程、结构工程、地下工程等多个学科的知识。再加上岩体介质的内部组成结构、物理性质的不同，严格来说，岩体介质不能被认为是完全弹性体模型，应该被认定为弹塑性模型来进行分析。上述多种因素的影响给爆破振动效应的研究带来了许多困难，很多研究成果在工程现场应用时也存在不同程度的缺陷和不足。迄今为止，岩体介质中的爆破振动效应有许多问题亟待解决。因此，对爆破地震波在岩体介质中的传播规律进行一系列的研究，从最初的爆破地震震源机制开始，到爆破地震波在岩体介质中的传播过程，然后到爆破地震波在地表面引起的动力响应，已经成为爆破研究领域亟需研究的课题。

　　基于上述情况，本书结合山东交通学院博士科研启动基金"大型工程中的控制爆破减灾效应分析关键技术研究"、山东交通学院科研基金"控制爆破减灾关键技术与爆破震动舒适性研究"、山东省土木工程防灾减灾重点实验室科研基金"浅埋地下爆破地震预测与减灾效应分析研究"（编号：CDPM2014KF04）与高等学校博士学科点专项科研基金"掘进爆破动荷载对锚喷支护结构损伤和破坏研究"（编号：201137181110002），在"山东交通学院博士科研启动基金""土木工程防灾减灾"山东省重点实验室与 2019 年省级水利科研与技术推广项目（SDSLKY201909）等基金的共同资助下，把基础理论研究、爆破现场监测、数值模型模拟计算与正确性分析以及有限元模拟分析相结合，对在岩体中爆破的震源机制、爆破地震波对不同结构体系建筑物的震害分析、爆破振动能量的小波分析、爆破地震波在岩土介质体中的传播规律和地震波能量分布特征、爆破地震波在地表面形成的位移场、地面建筑物在爆破地震实测信号荷载作用下的动力响应、爆破地震波特性影响因素的数值模拟等课题，运用最新的数学分析方法做进一步的研究和探讨，完善爆破地震效应理论和爆破地震波波动理论，为系统研究爆破地震预测与爆破振动响应奠定了扎实的理论技术基础，保证爆破工程的长期、稳定和安全发展。

浅埋地下爆破地震预测与减灾效应的研究内容是国民经济持续、快速发展的必然要求，也是建设绿色环保、和谐社会的刚性需求，该研究成果将在爆破灾害控制的理论研究和工程应用两方面发挥重要的作用。

1.2
国内外研究现状

从炸药的爆轰开始，到压缩波在岩体介质中的传播，到岩体介质的破坏，最终到地震波的传播，就是在岩体介质中爆破的整个过程。该过程虽然非常复杂，但是整个过程都是紧密相连的。

1.2.1
爆破震源研究现状

装药爆破时，爆破近区的岩石在强烈爆破作用下，进行着复杂的过程。因而，只有充分明确爆破振动震源的物理特征，才能更好地进行浅埋地下爆破地震预测与减灾效应分析研究。

目前，爆破振动震源主要使用的是爆破等效荷载模型[15]，等效孔穴理论和点源矩理论都是采用的爆破等效荷载模型。在工程爆破研究领域，应用最广泛的爆破震源理论——等效孔穴理论，最初是由 J. A. Sharpe[16] 提出来的。该等效孔穴理论的实质是在爆炸作用过程中，爆破振动的震源是由非弹性变形区构成，因此，爆破震源即非弹性区域的力学性质决定了爆破弹性区域的物理力学参数。

Heelan[17]利用现场爆破试验，详细地研究了线性爆破，并对结果进行比较分析，得出了与试验结果大体一致的物理力学特征参数。Kennett[18]通过理论分析，详细地推导了层状介质中的点源矩公式，最后还给出了求解点源矩的解析方法。

Flynn 等[19]对比研究了各种不同爆破震源中爆破深度与地震波能量的关系，得出了在多种不同爆破震源的爆破作用下，地震波能量随爆破深度不同的变化规律。 Blake[20]对无限介质中的点源爆炸进行了研究，研究指出不均匀性介质结构对由点源爆炸引起的球面波传播和脉冲压力的影响，得出炸药自身的特性、岩体介质的物理力学参数决定了压力脉冲的参数，并且指出在爆破实验记录中，点源爆炸在无限介质中产生的应力脉冲是一个高阻尼振荡波。

Yang 等[21]根据地震学中的点源矩理论，即矩的形式和相应的时间函数主要由爆破的破坏机理来决定，最后基于该理论，建立了抛掷爆破震源的模型。 Ziolkowski 等[22, 23]根据爆炸源相似律和震源子波理论的知识，通过对地震波的波形和震源时间函数两者进行研究，总结得出了岩土中爆炸地震震源的特性。

近年来，随着计算机技术的迅速发展、计算速度的提高以及测量仪器和计算方法的不断完善，国内许多学者在爆破震源的研究领域也取得了不少研究成果。

黄树棠等[25]根据弹性波理论的基础知识，研究了地震波的能量与装药爆炸时冲击波的转换关系，通过建立简化试验模型，得出结论：在今后的地震勘探中，在一定的信噪比条件下，垂向延时叠加震源是比较理想的震源。

孙为国[24]首先介绍了遗传算法的概念，根据其理论，通过反演计算，详细推导了爆破点源矩的时间函数。

丁桦[15]等将点源矩理论和等效孔穴理论相结合，建立了爆破振动震源的等效模型。并基于上面两个理论，假设在无限介质中实施球对称爆破，爆破振动震源可以认为是等效空腔内壁上作用的随时间变化的均布压力，其解可以表示为：

$$u(r, t) = \frac{1}{r^2} f\left(t - \frac{r}{C_\mathrm{p}}\right) + \frac{1}{C_\mathrm{p} r} f'\left(t - \frac{r}{C_\mathrm{p}}\right) \tag{1-1}$$

式中，r 为空腔半径；t 为时间；C_p 为纵波波速。取

$$f(t) = \mathrm{e}^{-\alpha t}(A\cos\omega t + B\sin\omega t) + C \tag{1-2}$$

式中，第一项为线弹性方程无限介质中含有球形空腔的齐次解；C 为与荷载相关的特解；A、B 为与荷载特性、介质参数和空腔尺寸有关的参数；ω 为空腔振动的自振频率。

丁桦[15]通过实验现场爆破数据，把均布在爆破区岩体介质中的点源矩解和孔穴理论解进行分析，得出结论：对于松动爆破来说，在爆破区临近范围以外

的振动信号，主要来源于爆破作用引起的爆破后爆破区附近地质结构的自振。

Jiang[26]研究表明，在弹性区传播的波动周期（T）与非弹性区的半径成正比，为：

$$T = \frac{2R_*}{C_p} \tag{1-3}$$

式中，R_*为非弹性区半径。在地下爆炸中，把非弹性区看作地震动震源。空腔及非弹性区的半径最终决定了辐射出来的爆破振动波的基本参数。在弹性介质中，爆破地震波传播频率不衰减，与震源主频相同，实际介质是不均匀、各向异性和非完全弹性的，其地震波传播的频率是由实际介质的地质构造特性决定的。

黄忆龙[27]将双波源理论和等效空腔模型进行有效结合，详细地研究了爆破地震波在传播过程中的特征。在研究过程中，把一个均匀爆炸脉冲压力 $p(t)$ 作用在弹性介质空腔上，并对其进行计算，研究得出：在整个爆破过程中，岩体中的振荡迅速衰减，爆破地震波传播的质点振荡周期（τ）为：

$$\tau = \frac{2\pi\lambda_0(1-2\nu_d)}{c\sqrt{1-2\nu_d}} \tag{1-4}$$

式中　λ_0——拉梅常数。

振荡函数的频率（f_0）为：

$$f_0 = \frac{c\sqrt{1-2\nu_d}}{2\pi r_0(1-\nu_d)} \tag{1-5}$$

式中　ν_d——岩石动态泊松比，取值为 $0.2\sim0.4$，$\nu_d = 0.8\nu$，ν 为泊松比；

　　　　r_0——空腔半径；

　　　　c——纵波波速。

俞全军等[28]通过定义爆破近场的概念，然后进一步指出，根据一个已知的地震波源求解爆破震源附近区域内的波动问题是近场爆破振动预报的主要工作任务。

上面介绍的各种形式的爆破地震震源模型的建立对研究爆破地震波的传播规律及爆破振动响应起着决定性的作用。但是，由于将现存的模型应用到不同条件下的理论分析时，还有一定的局限性，有待于今后研究适应性与应用性更广的爆破地震震源模型。

1.2.2
爆破地震波研究现状

爆破地震波是爆破产生的冲击波在岩体介质中传播引起近地表面振动的一种形式。当爆破振动达到一定的强度时，就会对爆破点附近的建（构）筑物造成不同程度的损害，影响爆破工程的正常进行。

爆破地震波在介质中的传播受到多种因素的影响，如介质的地形与地质条件以及物理力学参数、爆破的种类和方法等。通过实验室实验、现场测试和理论分析三者相结合，对爆破地震波在各种介质中的传播特征及规律进行研究，得出地震波在介质中的传播特征和基本规律；然后根据大量实测数据回归拟合出用于指导工程设计的经验公式，是爆破地震预测和模拟计算的前提条件；最后再根据爆破地震波在岩体介质中的传播特征和基本规律，寻找研究控制爆破地震波危害的方法和措施，并用于指导工程实践。

国内外很多学者对爆破地震波在岩体介质中的传播规律做了大量的研究，得出了许多重要的结论。

最初，国外学者主要是利用弹性波理论来研究爆破地震波的传播规律。亨利奇[29]指出爆破地震波与自然地震波相似，包含体波和面波，在爆破远处的波形图上，不同类型的地震波会出现明显的分离现象，但在爆破近区，几种波几乎同时到达，难以分辨。

随着进一步的研究发现，由于传播介质具有黏弹性，爆破地震波在传播途中有能量的损失。Mindlin 等[30,31]研究发现爆破地震波物理特征的衰减是介质颗粒间的相对滑动摩擦导致的，这种衰减叫作固体摩擦衰减。

B. Sevrding 等[32]对爆炸作用下岩石中裂隙的产生和发展状况进行了研究，研究指出：爆炸应力波的性质和岩石本身的缺陷是裂隙产生扩展的重要影响因素。含有相同能量的长短脉冲对不同长度裂隙的影响程度不同，进而在爆破作用下引起的破坏不同。

D. P. Blair[33]对地震波在有限弹性空间的传播理论进行叙述总结，并且基于以上理论，利用弹塑性边界条件，推导了垂直柱状装药时表面振动的应力公式。研究指出，不论是在爆破近区还是爆破远区，地面质点振速均随介质阻尼的增加而降低；频率对地表振动幅值的影响很大，频率的取值范围越大，振动幅值就越大。

二十世纪五十年代，基于天然地震的研究基础，国内学者通过在不同岩体条件下进行爆破振动的观测实验，也研究得出了许多爆破地震波传播方面的规律。

张志呈[34]依托于河北一定向筑坝爆破和西南一大型煤矿爆破，提出了爆破地震具有方向性：爆破抛掷方向的前方爆破振动最小，抛掷方向的背向爆破振动最大，并进行进一步推导计算，利用最小二乘法拟合出曲线，最后指出爆破类型与地质条件两个因素对爆破等震线异向系数值影响较大。

蔡袁强等[35]通过工程实例，详细分析了地震波的波速与介质含水量、黏性常数和频率等参数之间的相互影响关系，最后总结出了在黏弹性饱和水岩层中地震波的传播规律。

叶洲元等[36]指出由于萨道夫斯基公式中的 k、α 两个参数受多种因素的影响，很难准确取值，使得预测的爆破质点振动速度误差较大。因而，充分利用计算机的快速计算功能，提出了一种能优化预测爆破质点振动速度的模型，并通过武汉一土石方爆破工程，将预测结果与实测结果相比较，验证了该模型的合理性。

孙业志等[37]在黏弹性条件下，分析了在松散岩体介质中，地震波的传播规律，得出了在黏弹性岩体介质中，颗粒间的相对滑动摩擦、介质对高频波的吸收等与地震波能耗之间的关系，并进一步总结出在黏弹性岩体介质中，纵波与横波的衰减系数、传播向量与波动方程的两个复数形式表达式。

谢和平[38]通过从不同角度对大量的深孔爆破地震动测试数据的分析，得到了岩石中爆破地震波传播的频率、幅值和持续时间等主要参数的变化规律以及它们的影响因素，并通过二元回归法，拟合出计算爆破地震波加速度的经验公式，进而又建立了爆破地震波传播过程的计算模型，通过将计算结果与实测结果相比较，证明该模型可用于一般岩石介质中爆破地震波传播的数值模拟。

王明洋等[39]首先阐述了国内外研究学者在断层节理对应力波传播影响方面已经取得的研究成果，随后通过结合实际地质条件，利用缓倾角断层与节理带的几何关系及摩擦滑移条件下的透反射关系，对其进行数值分析，研究指出：若岩体的摩擦角、泊松比和入射角已确定，则裂隙的性质影响地震波的传播。

韩子荣[58]基于多年从事矿山爆破降震的经验，依托于金川有色金属公司矿区的露天爆破振动对地下巷道影响的爆破测试，对爆破振动安全判据进行研究，通过观测边坡爆破的允许振动速度，提出了露天爆破边坡的爆破振动安全新判据。

楼沩涛等[57]对地下封闭爆炸中的应力波进行长期观察研究，首先叙述总结了在硬岩中，地下爆炸自由场中应力参数的经验公式，如径向质点加速度与质点速度峰值、应力波到达时间、径向质点的半波宽时间等，然后推导计算了质点振动位移随爆心距的衰减规律并拟合成公式，把结果与法国、美国的相关公式进行对比，最后对其对比结果进行分析。

中国科学院力学所[40-42]、中国矿业大学[43-47]等高等院校及研究院所，将国内典型的规模较大的爆破实践工程与国家纵向科研项目进行有机结合，利用理论分析、现场试验以及先进的计算机模拟分析技术等方法，从爆破地震的宏观方面和微观影响场方面对不同地质条件下的爆破地震波在岩体中的传播进行了分析研究，最后建立了考虑多种影响因素的爆破地震安全判据。

随着计算机技术的飞速发展以及计算机在爆破研究领域的广泛应用，许多学者[51-56]开始了爆破地震波的计算机模拟工作，为浅埋地下爆破地震预测与减灾效应研究打下了坚实的理论基础。

然而，由于爆破震源机制的多变性和岩体介质的复杂性，使得爆破地震波在岩体介质中的传播规律非常复杂。因此，现存爆破地震波传播规律的研究成果均有时间和空间上的局限性，这就表明了从不同角度探讨和研究爆破地震波在岩体介质中传播规律的必要性和紧迫性。

1.2.3
爆破振动响应的预测

从二十世纪二十年代开始，国内外研究学者[48-59,64]运用现场观测、模型实验及理论分析等方法对浅埋地下爆破地震预测与减灾效应进行了广泛的理论研究和实验研究：理论研究通常把炸药爆后产生的应力波当作弹性波或弹塑性波，实验研究通常通过实验室实验或现场爆破实验进行，取得了大量的研究成果。

1927年洛克韦尔第一篇爆破振动效应文章的发表标志着国外爆破振动研究的开始。

D. M. Boore[63]利用统计方法，预测研究地表面在高频强震作用下的运动状况，建立了场地条件、震级和距离的关系式，用以预测速度与加速度以及地震反应谱峰值的经验公式，提出了地面距离、震级和运动参数的经验关系式，并利用将运动描述为滤波高斯噪声的简单模型进行模拟，然后又拟合了矿山爆破振动加速度的峰值和速度的峰值。

赵以贤等[62]应用有限元方法分析了爆炸荷载作用下地下结构中拱形结构与

土介质的动力相互作用问题，并指出弹性解与弹塑解的差别较大，建议地下结构不采用弹性解。

P. J. Digby[60]利用计算机模拟对在脆性岩石中爆破的振动破坏过程进行分析研究，研究表明：在爆破振动这一动荷载作用下，岩石自身的性质（例如，裂隙与其分布状态）和爆破振动加荷的速度对岩石破坏影响很大。

R. P. Dhakal[65]通过研究一个两层楼的爆破振动发现：在振动发生时，建筑物在高频振动作用下，加速度较大，结构响应较小；当振动结束后，建筑物在低频振动作用下，加速度很小，结构响应却较大。建筑物的振动响应最大值发生在自由振动时段，即振动冲击停止后。

W. J. Birch 等[56]针对大量采石场爆破振动的现场爆破振动观测，提出了修正的比例距离的距离模型，提高了爆破振动的预测精度。

李铮等[66]利用能量法求解和体积模量法求解的两个推导过程，依托现场爆破试验，确定了衰减系数，推导出适用于隧道爆破、松动爆破等多种爆破方式的垂直振速计算公式。

H. Yoshida[61]在进行岩体地下工程开挖的地震波损伤探测研究中，分析探讨了人工爆破地震波波幅衰减和传播时间与岩性、岩体应力状态变化和裂纹发展等之间的关系。Scanlan 从爆破振动波形和对结构爆破振动的动力响应两个方面进行预测爆破振动，提出了利用三角级数叠加来模拟振动加速度波形。

二十世纪五十年代，我国研究学者开始了对浅埋地下爆破振动响应预测的研究。

吴从师等[67-69]通过对某矿的现场爆破试验，用计算机编制了单孔爆破振动的计算程序，对微差爆破地震进行分析。根据在同一地点的不同次爆破中，两个测点之间震动强度的相对关系不变这一原理，利用等震系统绘出二维等震图，预测爆破地震烈度，该方法能更直观地观察到不同方向上爆破振动强度的变化。

中国科学院物理所谢毓寿等[78]通过变化不同的药量，对不同地质条件（黄土、花岗岩和冲击岩等）进行测量，总结得出振动速度传播规律的经验计算式：

$$\lg v = K + 0.61 \lg Q - 1.8 \lg R \qquad (1\text{-}6)$$

式中　v——垂直向质点振动速度，cm/s；

　　　K——与地质条件等有关的系数；

　　　Q——炸药量，kg；

　　　R——观测点至爆源的距离，m。

林秀英等[70]结合中国工程物理研究院基金项目，依托于工程爆破实例，将现场爆破测试结果与实验模型的模拟结果进行 FFT（快速傅里叶变换），并对上述两个计算结果进行分析比较，指出频谱分析在爆破振动分析中的重要性。

钱七虎等[75]通过比较爆破地震和天然地震的区别，指出了爆破地震效应研究包括的三项具体内容。以烟囱为研究对象，分析了单质点的爆破地震效应和多质点的爆破地震效应，研究指出：建筑结构和岩土工程的爆破振动安全判据是爆破振动地面运动最大速度。

刘军等[71]提出了一种能综合考虑爆破现场地质条件和不同振动频率振动响应的预测模型，通过一个烟囱基础拆除爆破工程实例，将预测结果与相似方法的计算结果相比较，验证了该预测模型的合理性。

陈士海[76]总述了建筑结构地震反应分析模型和结构有限元分析计算方法，通过实体建模与简化模型相比较，能正确反映结构的振动特性和爆破振动破坏过程；通过砖混结构砖砌体和砖混结构混凝土的动力分析，指出为了能正确反映结构在爆破作用下的动力响应，应建立建筑的三维抗震计算模型。

徐全军[72,73]在研究爆破振动效应过程中，利用神经网络建立模型进行预测分析。黄光球等[74]用遗传规划法预测爆破振动峰值。

娄建武等[77]依托于国家自然科学基金资助项目，利用小波分析理论和 MATLAB 语言编程对实测爆破振动信号进行分析，用实例证明了小波分析是分析爆破振动信号的很好的工具。

纵观过去，国内外研究学者[91-94]对爆破地震预测进行了广泛的研究，已取得了很多研究成果，在完善爆破地震理论和工程应用方面起着重要的指导意义。但是，由于爆破的瞬时性、多变性和所处岩体介质的复杂性，因此爆破振动响应的随机性很大。随着爆破工程数量的增多和工作面的扩展，特别是随着当今社会人们环保意识的增强，早期的研究成果已经不能满足现代爆破振动安全预测的需求，所以继续开展浅埋地下爆破地震预测与减灾效应分析这一课题的研究，是非常必要的。

1.2.4
地震动作用下结构响应理论的发展

爆破工程附近建（构）筑物对爆破地震动响应的实质是建（构）筑物对爆

破地震荷载激励的动力响应。目前，天然地震的研究方法和理论已经很成熟。把爆破地震和天然地震相比较，两者在传播机理与建（构）筑物的动力响应机制等方面很相似，因此研究爆破地震时可以对比应用研究天然地震的理论和方法。爆破地震响应研究的基本原理是：把建筑物看作一种结构，研究对其结构上施加爆破振动荷载激励后的响应。

截至目前，地震动理论的发展先后经历了静力理论阶段、反应谱理论阶段、时程分析法理论阶段和动力有限元分析理论阶段四个不同的阶段。

（1）静力理论阶段

日本大森房吉教授在 1920 年提出了静力理论：假设建筑物为绝对刚体，地震时建筑物和地面一起运动而不计相对地面的位移；建筑物各部分的加速度与地面加速度大小相同，并取其最大值用于结构抗震设计。当地震作用在建筑物上，其水平地震响应可用下式表示：

$$F_i = (W_i/g)a = kW_i \tag{1-7}$$

式中 F_i ——地震动作用层的响应；

　　　　g ——重力加速度；

　　　　W_i ——地震动作用层的重量；

　　　　k ——振动系数；

　　　　a ——地震动时的地面最大水平加速度。

由于该方法不计算结构自振周期、阻尼等动力特性的影响，所以适合于计算刚性较大的建筑结构，但是不适用于计算柔性较大的高耸结构。

我国研究学者吴从根[81]假设岩石为弹性体，基于弹性振动的基本理论，详细地推导计算了岩体的最大应力与速度关系之间的计算公式。

（2）反应谱理论阶段

"弹性反应谱"这个概念最初是由美国的彼奥特教授提出的。"反应谱"的提出使结构动力响应出现了突跃式的发展。把单自由度体系作为研究对象，对其施加一定的地面激励，计算出振动反应（此处不计算阻尼），绘出的系统自振频率（或周期）与加速度、位移、速度的关系曲线称为反应谱。根据该理论，单自由度弹性体系结构的地震作用为：

$$F = k\beta G \tag{1-8}$$

式中 F ——作用在结构上的地震作用力；

　　　　k ——振动系数；

　　　　β ——动力系数，是加速度反应谱与地震动最大加速度的比值；

　　　　G ——结构重力荷载代表值。

国内研究学者利用反应谱理论取得了一定的研究成果。凌同华等[79]依托现场爆破测试数据，以单段爆破为研究对象，利用反应谱理论对其中的爆破地震效应进行分析，随后还分析了爆破参量对爆破振动反应谱的影响，研究后指出了在单段爆破中，振动频率和速度的变化特征。李铁英[80]列举了传统的简化层间模型在分析动力作用下高层建筑振动响应的不足，为此构建了更能准确反映高层建筑动力响应的空间动力分析模型，通过对两个计算案例的分析，指出了该空间模型的精确性。

（3）时程分析法理论阶段

时程分析法主要分为以下三个部分：首先，建筑结构的运动微分方程是通过地震动的时间历程来进行求解；其次，频率、振动持续时间和振动幅值三个振动要素是结构计算的主要元素；最后，对结构进行强度验算和变形验算。时程分析法的根本原理：把地震动加速度作为振动激励直接加载到结构物上，对结构振动方程进行求解，依次求得结构的位移表达式、速度表达式和加速度表达式，再通过对地震动发生的时间进行积分，最后求得地震动全过程中的力作用情况。

易方民等[82]依托于国家自然科学基金项目，提出了将振型分解反应谱法用于多维地震作用下的结构计算，通过对多维地震作用下高层建筑钢结构两个案例的推导计算，研究得到了两个单向地震作用效应的组合与双向地震效应之间的换算值。

张永兵等[83]提出了一款新控制装置——压电变摩擦变阻器，并通过对三层钢结构建筑物的非线性地震反应推导分析，验证了在地震中使用压电变摩擦变阻器和变增益模糊控制算法可以减少建筑物受到的地震破坏。

（4）动力有限元分析理论阶段

近些年，随着计算机的广泛应用和计算技术的高速发展，地震动响应分析理论又迈上了一个大台阶，进入了动力有限元分析时代。

动力有限元分析的原理就是：通过模拟建筑结构的实体模型和地震作用的加载过程，可以对结构从开始受力、开裂直至破坏的全过程进行非线性动力分析，并可以获得结构整个时程的信息。

朱瑞赓等[84]分析研究了岩洞在爆炸应力波作用下的动力稳定性问题，利用动力有限元方法，在隧道掘进施工中，对既有隧道受爆破振动的影响进行动力分析，最后给出了振动参数的时间历程曲线。

国内研究学者用动力有限元法对爆炸应力波作用下岩洞的动力稳定性问题进行了一系列的研究，分析了复线隧道掘进施工、爆破振动对既有隧道的影响，得出了各振动参数的时间历程。

陈士海等[85]选择一个两层钢筋混凝土框架结构作为研究对象，利用人工合成的不同主频的爆破地震波作为激励输入到该框架结构上，利用时程分析法，分析该框架结构的爆破地震动响应，研究指出：框架结构在三向爆破地震荷载作用下的响应大于 X、Y、Z 任一方向单独作用下的振动响应，并指出在三向激励作用下结构最容易发生破坏的薄弱部位。汪芳[86]以框架结构为研究对象，建立了由岩石爆破、地基和框架结构房屋组成的三维有限元模型，利用动力有限元法分析不同爆破荷载作用下的动力响应，最后评价了框架结构的安全性。

随着工程建设的发展和计算机水平的提高，以大型有限元软件如 AN-SYS、LS-DYNA 为依托，利用动力有限元分析法将成为今后分析爆破地震动响应的主要方法。

1.2.5
爆破振动信号分析技术

爆破振动信号随着时间的变化而迅速变化，因而是一种动态信号，同时也是典型的非平稳随机信号。为了方便提取信息和利用信息，对信号进行分析、变换、识别等的处理方法，即为振动信号分析技术。在过去很长一段时间内，人们常常利用傅里叶变换对爆破振动信号进行分析。严格来说，傅里叶变换从本质上只适用于平稳信号而不适用于非平稳信号[87-90]。

近些年来，随着高等数学工具和计算机技术的相继产生和推广应用，工程技术研究领域中描述信号的工具也在不断更新。下面，分阶段介绍振动信号分析技术的发展过程。

（1）傅里叶变换

傅里叶变换（Fourier transform）发表于 1822 年，是法国科学家 Joseph Fourier 在研究热力学时提出来的一种全新的数学方法，是用无穷三角级数求解热传导偏微分方程时所提出的一种数学方法。它可以将时空信号变换成频率信号，并在频域中的定位性是完全准确的，因而傅里叶变换反映的是整个信号在全部时间下的整体频域信息。

由于傅里叶分析的实质是把一个函数表示成三角级数之和，所以从分析方法上来讲，是一种纯频域的变换形式，而在时域上没有任何的定位功能，因而，不能提供任何局部时间段上的频域信息。

对输入线性结构体系的地震动信号进行傅里叶分析时，要么是在频域，要么是在时域，但是无法反映地震动的时频局部性质。对既需要频谱分析又要求时空定位的应用，如地震数据分析、雷达探测和图像处理等，傅里叶分析技术就不能满足要求了。

（2）窗口傅里叶变换

鉴于傅里叶变换不含时空定位信息，匈牙利人 Dennis Gabor（1971 年诺贝尔物理学奖的获得者）于 1946 年提出窗口傅里叶变换（window Fourier transform）可以用于时频分析，但是窗口大小是固定的。

假设非平稳信号在分析窗函数 $g(t)$ 的一个短时间间隔内是平稳的，把分析窗函数进行移动，使 $f(t)g(t-\tau)$ 在不同的有限时间内是平稳信号，计算出各个不同时刻的功率谱——这就是窗口傅里叶变换的基本原理。表达式为：

$$F_g(\tau, \omega) = \int_{-\infty}^{+\infty} f(t)\overline{g(t-\tau)}\,\mathrm{e}^{-j\omega t}\,\mathrm{d}t \tag{1-9}$$

式中　　$f(t)$——被分析的信号；

　　　　$g(t)$——窗口函数。

窗口傅里叶分析具有的时频局部化格点在整个空间是等均布的，局部化格式是固定的，用来分析频域宽、频率变化激烈的信号时遵循不确定性原理。虽然窗口傅里叶变换能部分解决傅里叶变换时空定位问题，但由于窗口的大小是固定的，对频率波动不大的平稳信号还可以，但对音频、图像等突变定信号就成问题了。对高频信号应该用较小窗口，以提高分析精度；而对低频信号应该用较大窗口，以避免丢失低频信息。而窗口傅里叶变换则不论频率的高低，都统一用同样宽度的窗口来进行变换，所以分析结果的精度不够或效果不好，因而迫切需要一种更好的时频分析方法。

（3）小波变换

1984 年，法国物理学家 Jean Morlet 和 A. Grossman 在进行石油勘探的地震数据处理分析时又提出了具有可变窗口的自适应时频分析方法——小波变换[95-98]（wavelet transform）。小波变换可以对信号进行有效的时频分解，但由于其尺度函数是按二进制变化的，因此在低频段时间分辨率较差，而在高频段其频率分辨率较差，即对于信号的频段进行指数等间隔划分。

（4）小波包分析

小波包分析能够为信号提供一种更加精细的分析方法。它把原始信号分成高频部分和低频部分，并且对小波分析中没有分解的信号的高频部分进一步分解，并能够根据被分析信号特征，自适应地选择相应频带，使之与信号频谱相匹配，使小波包分析中的时频分辨率提高。

目前，在很多研究领域，例如计算机视觉、信号处理（包括爆破振动信号）、机械故障诊断、图像处理等领域都已广泛地使用小波分析和小波包分析的基本理论知识。

1.2.6
目前存在的问题和本书要解决
的问题

近年来，对于浅埋地下爆破地震预测与减灾效应方面的研究，国内外有关学者主要是通过实验室实验和现场爆破振动测试相结合，利用概率统计的方法对爆破地震波的传播规律、影响因素进行研究，而对爆破后岩体中的爆破破坏分区、各分区边界上的力学参数等震源机制，爆破地震波在岩体中传播后在地表面形成的位移场以及爆破振动舒适度评价等问题研究较少。

本书解决的主要问题是：从爆破震源的震源机制出发，把基础理论研究、爆破现场监测、数值模型模拟计算与正确性分析以及有限元模拟分析相结合，进一步对爆破地震波在岩土介质体中的传播规律和地震波能量分布特征、爆破地震波对不同结构体系建筑物的震害分析、爆破振动能量的小波分析、爆破地震波在地表面形成的位移场、地面建筑物在爆破地震实测信号荷载作用下的动力响应与爆破地震波特性影响因素的数值模拟等进行研究和探讨，完善爆破地震效应理论和爆破地震波波动理论，为系统研究浅埋地下爆破地震预测与减灾效应奠定扎实的理论技术基础，保证爆破工程的长期、稳定和安全发展。

1.3
本书的研究内容和研究
方法

目前，人们对爆破灾害的形成、发展规律有了一些认识，积累了一定的预测、预报经验，并取得了许多有价值的科技成果，这些都将成为今后加强工程爆破防灾减灾工作、开展国际交流合作的重要基础。但因浅埋地下爆破地震预测与减灾分析是防灾减灾工程与防护工程中的边缘学科，涉及地震学、气象学、爆炸学、地质学和工程材料学等众多学科，对我国实施可持续发展战略有着积极作用，因此，还应继续加强研究各类爆破灾害的成灾害机理、毁损效应，各类工程结构与工程系统在爆破灾害作用下的破坏机理、响应分析方法和试验技术，防灾减灾的设计理论、方法和工程技术，爆破灾害荷载引起的问题和周围环境的相互作用等。

开展浅埋地下爆破地震预测与减灾效应方面的研究，不仅是理论上的内在要求，也是应用上的必然要求。从理论上，它能为系统研究爆破地震响应提供一种重要思路；从应用上，它可以指导现场作业，优化爆破参数，从而控制不安全因素的产生。本书的研究内容和研究方法如下。

① 查阅大量的国内外相关文献，介绍爆破地震波在岩体介质中传播的基本知识；根据大量的爆破现场测试数据，对爆破振动测试数据进行分析，研究爆破地震波的传播规律和能量分布规律。

② 爆炸激励的不确定性、难估性以及传播介质的复杂性，导致了爆破引起的岩体介质振动是一个非常复杂的随机变量，因此很难用数学分析方法和微分方程表示出其确定性规律。爆破地震和天然地震有相似之处，它们对建（构）筑物和人员等造成危害的机理是一致的。因此，需要对爆破地震波的三要素以及地震波对不同结构体系建筑物的动力影响进行研究与分析。

③ 爆破振动中输入建筑物中的振动能量与建筑物本身能量的大小关系是影响爆破振动中建筑物破坏的一个重要因素。引入各种假设和理想化条件，把实际结构简化成单自由度体系，通过分析、计算，探讨爆破地震作用下建筑物的动力响应。

④ 对岩石中爆炸破坏分区、各分区上的振动参数以及破碎区与振动区界面上的压力三个方面进行分析研究。运用摩尔-库仑理论这一屈服准则，将波的传播速度及时间等参数构成的运动学方程和动力学方程相结合，推导岩石中爆炸破坏分区，以及各分区上的振动参数。运用 MATLAB 语言进行编程计算得出爆炸破坏分区半径及破碎区与振动区界面的压力时程图，然后对得出的理论结果进行正确性分析。

⑤ 利用弹性动力学、岩石动力学、爆炸力学等力学理论，根据爆破地震波位移势函数的特点，利用复合函数与积分变换和分离变量的方法，建立浅埋爆炸作用及爆破地震波在半无限介质自由表面运动的计算模型，并通过实例计算与分析，对爆破地震波在半无限介质自由表面的运动规律进行预测。

⑥ 随着有限元理论和计算机技术的推广，利用数值模拟的方法探寻两者间

的关联，是爆破工程研究方法的一个必然趋势。首先介绍 ANSYS/LS-DYNA 的算法基础，然后以一个十一层框架结构小高层为研究对象，利用 ANSYS/LS-DYNA 动力有限元程序，建立三维空间实体有限元模型，通过在该框架结构底部输入不同频段的实测爆破地震波，对比不同方向的单向爆破地震单独作用和三向爆破地震共同作用对十一层框架结构小高层的动力响应，从爆破地震波作用下的应力响应和加速度响应两个方面，对结构进行爆破地震动力响应分析。

⑦ 对工程爆破而言，由于其破坏作用以及爆破信号特性影响因素的复杂性，要进行大规模的现场试验是不现实的，单靠目前的监测技术也很难较全面地反映各因素与爆破振动信号特性的关联。因而我们利用 LS-DYNA 数值模拟软件对不同影响参数下的爆破地震波特性进行了研究。

第2章

爆破地震波
测试分析

对于比较重要的建筑物或构筑物，如地下硐室、边坡、大坝、仪器仪表房、核废料储存仓、军事设施等，当其附近有爆破作业时，一般需要对其进行爆破振动的跟踪检测，并根据设计中给定的振动速度控制指标进行爆破作业的反馈设计和施工，以达到爆破振动控制这一目的。

试验研究与理论分析是浅埋地下爆破地震预测与减灾效应研究工作中相辅相成的两种方法。日益科学化的现代测试技术为工程爆破实践提供了科学方法，解决了工程爆破实践中遇到的实地问题，因而现代测试技术在工程爆破的发展中发挥着举足轻重的作用。本章依托青岛经济技术开发区豹窝村水库扩容工程爆破开挖项目和青岛经济技术开发区鸿润广场地基爆破开挖工程，选用成都中科动态仪器有限公司研制的 IDTS3850 测试系统，以爆破开挖工程中的实测地震波为研究对象，并利用小波包分析理论，对其进行处理和分析，进一步找出爆破地震波的特征，为今后浅埋地下爆破地震预测与减灾效应研究提供可靠的科学依据。

2.1

爆破地震波

2.1.1

爆破地震波的形成

炸药在介质中爆炸，瞬间释放出能量，这些释放出来的能量首先转变为气体的压缩能，然后在气体膨胀过程中转变为机械功。运动的爆轰产物和爆轰波自药包中心向各个方向传播。它的波阵面从药包边缘处撞击在周围介质上，于是冲击波立即在介质中传播，与此同时，反射波（冲击波或膨胀波）通过爆轰产物向药包中心传播，这个球形波的波阵面汇聚在已反应的药包中心，并自药包中心开始传播一个新的反射波。紧接着，这个新波的波阵面撞击在气态产物和介质交界面上，于是在介质中又出现了一个新波和在气态爆轰产物中出现一个朝着药包中心传播的新波。如此重复下去，在气态爆轰产物中逐渐衰减的一些反射波来回反射，当它们撞击在气态产物和介质交界面上时，朝介质中传送新的逐渐衰减的波。当波在气态爆轰产物中反射时，气态产物的体积逐渐增大，直到最大值，在膨胀到最大值的瞬间，气态爆轰产物压力低于周围介质中的压力，这是介质质点的离心运动引起的。由于介质的超压，气态产物和介质朝向反方向运动，即朝着爆炸中心的方向运动，气态爆轰产物的超压再次增加，并开始新的膨胀。照这样重复下去，造成气态爆轰产物和介质做衰减脉动，这些脉动传送着次生压力波。由上述内容可知，介质中的波一开始就是一个有周期的逐渐衰减的波。

在爆破工程中，经常遇到不均匀且不连续的岩土介质，在岩土介质中，产生的波动现象非常复杂。爆破能量经过粉碎区与破裂区后，大部分已经耗散掉，剩余的小部分能量（对于爆破点源以球面波的形式，对于爆破线源以柱面波的形式）继续传播，随着曲面半径的增大，单位曲面上的能量不断减小。在地震波传播过程中，由于波的反射、折射及介质中的内摩擦等耗能现象，地震波能量逐渐衰减。

通常认为：在爆破近区（药包半径的 $10\sim15$ 倍），传播的是冲击波。在爆破中区（药包半径的 $15\sim150$ 倍），传播的是应力波。当应力波继续向外传播，波的强度进一步衰减，其作用只能引起质点做弹性振动，而不能引起岩（土）石介质破坏，这种波称为弹塑性应力性波（简称弹性波）。地震波是一种弹性波。

2.1.2
爆破地震波的分类

爆炸在岩体中所激起的应力扰动的传播称为爆炸应力波[99, 100]。根据距离爆炸点的不同位置，爆炸应力波分为冲击波、弹塑性应力波和地震波。

根据爆破地震波的传播路径，爆破地震波可以分成面波和体波两大类。它包含在介质内部传播的体波和沿地面传播的面波。

根据质点的振动方向与波的传播方向，体波又分为纵波和横波两大类。纵波的质点振动方向与其传播方向一致。横波的质点振动方向与其传播方向垂直。纵波（通常称 P 波）是纵向运动，质点的振动方向与波的前进方向一致，在传播过程中能使介质质点产生压缩和拉伸变形。其特点是传播速度快、周期短和振幅小。横波（通常称 S 波）是横向运动，质点的振动方向与波的前进方向垂直，在传播过程中能使介质质点产生剪切变形。其特点是周期长、振幅大、传播速度仅次于纵波。横波在分界面上分为 SV 波（其运动平面垂直于分界面）和 SH 波（其运动平面平行于分界面）。

根据波动方程，纵波和横波传播速度的公式可以写为：

$$C_P = \sqrt{\frac{E(1-\nu)}{\rho(1+\nu)(1-2\nu)}} \qquad (2\text{-}1)$$

$$C_S = \sqrt{\frac{E}{2\rho(1+\nu)}} \qquad (2\text{-}2)$$

式中　C_P——纵波波速；

　　　C_S——横波波速；

　　　E——介质的弹性模量；

　　　ρ——介质的密度；

　　　λ——拉梅常数；

　　　ν——介质的泊松比。

面波是体波在自由面多次反射叠加形成的次生波，主要沿介质表面或不同介质的分界面传播。根据质点运动的轨迹不同，面波可分为勒夫波（Love 波）和瑞利波（Rayleigh 波）两大类。瑞利波的波速大约为横波波速的 0.92 倍。面波的特点是周期长、振幅大，传播速度较体波慢，但携带的能量大。瑞利波在传播时，质点在波的传播方向和表面层法向组成的平面内做逆进的椭圆运动，是没有横向分量的运动，所以该波使介质体发生膨胀与剪切变形。勒夫波在传播时，质点做与波的传播方向垂直的水平横向剪切型振动，是没有垂直分量的运动。

当弹性波在不同介质中传播时，在其交界面或边界会发生反射和折射现象，同时还有波型转换的现象发生。入射的纵波或 SV 波通常产生反射与折射的纵波和 SV 波，而 SH 波只产生反射与折射的 SH 波。

在爆破地震波中，各种波携带的能量不同。纵波携带的能量少，只占总能量的 6.9%；横波携带的能量占总能量的 85.8%；面波中的瑞利波携带的能量最多，占总能量的 67.3%；面波中的勒夫波所携带的能量很少。

在爆破地震波的传播过程中，由于土岩介质中的摩擦耗能和波在不同性质的介质交界面透射与折射时的耗能，爆破地震波的能量逐渐减少。

在爆破的过程中，体波在爆破近区起主要作用，岩石的破裂是体波起作用的重要表现。面波在爆破远区起主要作用，在爆破的过程中，建（构）筑物的破坏是面波起作用的重要表现。

在一段完整的爆破地震波波形记录图上，最初是一系列振幅较小、频率较高的波形，这主要是纵波和横波，紧接着是一系列振幅较大、频率较低的波形，这是面波，持续一段时间后，波形逐渐衰减，由于传播速度的不同，体波与面波相互分开。

2.1.3
波速与振速

波在介质中的传播速度叫波速。介质的固有性质是波速大小的主要影响因素。在外界因素和波的作用下，质点相对于平衡位置做简谐运动的速度叫质点振动速度。

与波速相对应，随着波的传播，波的能量逐渐衰减。与质点振动速度相对应，在介质质点的振动过程中，质点的能量逐渐减少。

部分常见介质材料的传播速度[101]见表 2-1。

表 2-1　常见介质的波速

序号	介质	横波速度/（m/s）	纵波速度/（m/s）	密度/（g/cm³）
1	黏土	579	1128～2499	1.40
2	土壤	91～549	152～762	1.10～2.00
3	石灰岩	2743～3200	3048～6096	2.65
4	花岗岩	2133～3353	3960～6096	2.67
5	石英岩	3765	6050	2.85
6	混凝土	2164	3566	2.70～3.00
7	砂岩	914～3048	2438～4267	2.45
8	页岩	1067～2288	1829～3962	2.35
9	大理岩	3505	4390～5890	2.65
10	冲击岩	—	503～2980	1.54
11	铁	3200	5792	7.85
12	石膏	1097	2134～3658	2.30
13	水	—	1463	1.00

2.1.4

爆破地震波的特征

土岩介质的波阻抗是地震波传播特征的主要影响因素。波阻抗的大小等于岩体密度和地震波传播速度的乘积。

爆破地震波的随机性、地震波传播过程中的可变性、地震波频率谱的丰富性与集中性和地震波产生危害的难估性是爆破地震波的四大显著特征。

由于《爆破安全规程》（GB 6722—2014）给定结构的爆破振动安全允许标准（见表 2-2）的判据较少，目前只有结构的安全振动速度。而在实际爆破振动测试中，有时使用速度传感器，有时采用加速度传感器，即得到的测试数据可能是振动速度也可能是振动加速度，为此，必须将加速度数据转化成规范中规定的振动速度数据。这也需要进行振动速度与振动加速度间的等效，方便爆破设计与施工使用。因此，寻求振动加速度控制标准和质点振动速度控制标准间的统一或等效，以及能否进行、如何进行振动速度与加速度数据间的互推是亟待研究和解决的问题。

表 2-2　爆破振动安全允许标准

序号	保护对象类别	安全允许振速 v/(cm/s)		
		$f \leqslant 10\text{Hz}$	$10\text{Hz} < f \leqslant 50\text{Hz}$	$f > 50\text{Hz}$
1	土窑洞、土坯房、毛石房屋	0.15～0.45	0.45～0.9	0.9～1.5
2	一般民用建筑物	1.5～2.0	2.0～2.5	2.5～3.0
3	工业和商业建筑物	2.5～3.5	3.5～4.5	4.5～5.0
4	一般古建筑与古迹	0.1～0.2	0.2～0.3	0.3～0.5
5	运行中的水电站及发电厂中心控制室设备	0.5～0.6	0.6～0.7	0.7～0.9
6	水工隧洞	7～8	8～10	10～15
7	交通隧道	10～12	12～15	15～20
8	矿山巷道	15～18	18～25	20～30
9	永久性岩石高边坡	5～9	8～12	10～15

序号	保护对象类别	安全允许振速 v/(cm/s)		
		$f \leq 10\text{Hz}$	$10\text{Hz} < f \leq 50\text{Hz}$	$f > 50\text{Hz}$
10	新浇大体积混凝土（C20）： 龄期：初凝～3d 龄期：3～7d 龄期：7～28d	1.5～2.0 3.0～4.0 7.0～8.0	2.0～2.5 4.0～5.0 8.0～10.0	2.5～3.0 5.0～7.0 10.0～12.0

爆破振动监测应同时测定质点振动相互垂直的三个分量。

注：1. 表中质点振动速度为三个分量中的最大值，振动频率为主振频率。

2. 频率范围根据现场实测波形确定或按如下数据选取：硐室爆破 f 小于20Hz；露天深孔爆破 f 在10～60Hz之间；露天浅孔爆破 f 在40～100Hz之间；地下深孔爆破 f 在30～100Hz之间；地下浅孔爆破 f 在60～300Hz之间。

爆破振动最大位移、速度和加速度三个物理量间以频率作为中间变量相联系，故若考虑输入荷载的频率影响后，爆破振动最大位移、速度和加速度三个爆破振动安全控制标准间应该是等效的。对单自由度系统，若输入荷载为谐波，则速度和加速度安全标准间可以简单地通过考虑频率因素的影响而进行等效，即存在 $a_m = v_m \omega$。式中，a_m 为质点加速度；v_m 为质点速度；ω 为频率。对房屋、边坡、硐室围岩等复杂结构，若输入的是爆破地震波（含有多种频率的复合波），应采用小波分析，将地震波在不同尺度上分解成频率较单一的多谐波组合。

2.2
爆破地震波的现场测试与分析

在爆破地震效应研究工作中，理论分析与实验研究一直是相辅相成的两种手段与途径。科学技术水平的提高与振动测试分析仪器的现代化，进一步提高了振动测试试验的技术水平。本节以青岛经济技术开发区豹窝村水库扩容工程爆破开挖项目为背景，对爆破产生的地震动效应及对建筑物的影响进行了现场测试，同时应用 IDTS 3850 Seismogragh 软件并结合 MATLAB 中的 FFT，对爆破测试数据进行了综合分析，为今后的爆破设计和控制爆破开挖引起的地震动提供了参考和依据。

2.2.1
工程概况

由于青岛经济技术开发区豹窝村水库容积小，开发区政府决定爆破开挖水库附近的部分山体，对水库进行扩容。由于该爆破项目的爆破地点紧邻豹窝村，爆破的地震动强度、爆破噪声和飞石等有害效应直接影响村民，容易引起与当地村民的民事纠纷，直接关系到爆破工程能否安全顺利地进行。山东科技大学工程爆破研究所受青岛经济技术开发区公安局和青岛黄河元爆破工程有限公司的委托，负责对本次爆破施工进行现场爆破测试和技术指导。山东科技大学工程爆破研究所依靠其自身技术优势和先进设备，结合国家爆破振动安全允许标准（GB 6722—2014），对实测爆破数据进行处理与分析，及时优化爆破设计，取得了良好的爆破效果。

爆破区域的岩石为微风化岩石，岩体较完整，无明显节理和断层带。豹窝村的民房为毛石基础、砖砌结构。测点布置和爆破周围环境如图 2-1 所示。

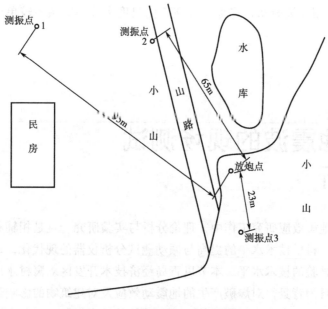

图 2-1　爆破环境及测点布置图

2.2.2
测试系统与测试原理

2.2.2.1 爆破测试的研究现状

爆破测振技术已由传统的光线示波器和磁带记录仪系统发展到今天的电子测试与计算机综合分析系统，如 IDTS 3850 测振仪、YBJ 系列爆破振动自记仪和 Blastmate 系列振动监测仪等系统。以往的爆破测振多采用有线测量方式，利用测量导线将测振传感器测到的信号传到模拟放大器，再送光纤示波器或磁带记录仪记录。在爆破现场要敷设大量的测量导线，具有设备庞大、劳动量大、操作复杂和工作效率低等缺点。而现今的电子测试仪具有操作简单、测量精确和综合分析功能强等优点，在爆破测震中得到了广泛的应用。

工程爆破地震属于一种人工地震，其特点是：质点振动频率高、振速幅值大，且持续的时间短。所以在选择测试系统时，必须考虑到爆破地震波的特点，满足计算要求和测量精度，以及测量仪器自身的灵敏度及误差等。振动记录仪是爆破振动测试系统的核心，从总体上决定了所测信号的精度。因此，选取适当的振动记录仪是确定爆破振动测试系统的关键。

在选择测量仪器时，首先考虑的是该仪器应具有技术先进、灵敏度高、误差小、操作使用及维护方便等特点。综合以上条件，经比较，本次现场爆破测试试验选用的是成都中科动态仪器有限公司研制的 IDTS 3850 测试系统。

2.2.2.2 爆破测试系统简介

IDTS 3850 测试系统轻小、便携、操作简单，可多台测点独立操作，同步或异步触发，自动数据采集存储，同时采用低功耗技术，高可靠的掉电保护功能，关电后长时间数据不丢失；可对数毫伏的微弱信号精确测试，能有效监测距离爆源远近不同处的振动情况，使用时只需将传感器和测振仪共同放置于振动测试点，爆破后用 RS232 数据线与计算机相连，便可读出整个爆破过程的振动信号，并对其进行分析处理后给出测试报告。

IDTS 3850 系统记录仪是主要对地震波、机械振动或各种冲击信号进行记录及数据分析、结果输出、显示打印、数据存储的便携式仪器。它直接与压力、速度和加速度等各种传感器相连，并将其模拟电压量转换成数字量进行存储，再经自身的 RS232 串行口和电脑相连，由计算机进行波形、频谱图显示，波形的各种特征参数及测试结果的表格显示、打印和存盘等。

IDTS 3850振动记录仪适用于工程爆破现场环境监测、机械振动、模态分析和各种单次非周期信号的捕捉和分析。该振动记录仪还可满足下列场合的特殊测试要求：①爆破、辐射与腐蚀等人员无法在场的危险测量环境；②水下、地下与电磁干扰等信号难以长线传输的场合；③远离供电源的测量环境；④高速运动的物体中；⑤现场测试多而分散的场合。

2.2.2.3　爆破测试系统工作原理

IDTS 3850振动记录仪的工作原理是将传感器捕捉到的信号转换成电压信号，再通过A/D转换器将电压信号转换为数字信号并存储在仪器的CPU中。将IDTS 3850振动记录仪与计算机通过RS232数据线相连接，然后通过与IDTS 3850测振系统配套的IDTS 3850 Seismogragh软件对数据进行综合分析、处理。IDTS 3850系统的测振原理如图2-2所示。

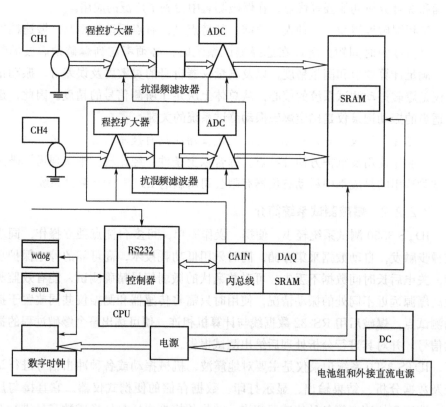

图2-2　IDTS 3850系统的工作原理图

浅埋地下爆破振动
预测技术

2.2.2.4 爆破测试内容

爆破测试主要对两个方面进行研究：一是研究在不同地质、地形条件影响下，爆破地震波的传播规律；二是研究在不同类型的爆破振动作用下，爆破施工周围建（构）筑物受到的爆破振动响应。

通过爆破振动的现场测试与测试数据综合分析，可以分析和掌握爆破地震波的特征、传播规律以及对周围建（构）筑物的影响和破坏机理等。根据测试结果分析，及时调整爆破设计参数和施工方法，指导爆破安全作业，从而有效地控制爆破地震效应，保证爆破施工周围建（构）筑物的正常使用，减少由爆破振动造成的人民生命和财产的损失，保证爆破工程能安全顺利地进行。

在爆破振动测试中，测点布置直接影响振动测试的效果，因此测点布置需要依据布设原则进行。测点布设应遵循以下两条原则[119]：

① 由于爆破地震效应在爆源的不同方位有明显差异，其最大值一般在爆破自由面后侧且垂直于炮心连线方向上，因此应沿此方向布设测点；

② 由于爆破振动的强度随距离的增加呈指数规律衰减，测点间距应该是近密远疏，最好按对数坐标确定测点距离。

按照上述原则，每个测点布置水平径向、水平切向与垂直方向的三个传感器，本次爆破测试传感器的具体布置如图 2-1 所示。

2.2.3
测试结果分析

根据具体岩性条件和环境等特点，实施了多组方案的爆破设计。考虑到岩体爆破产生的地震效应对邻近建筑物的结构稳定性和安全性有很大的影响，为有效控制爆破地震造成的危害，同时进行爆破测振，得到了多组有效数据。所有爆破测振数据的分析处理，都由 IDTS 3850 测振系统配套的 IDTS 3850 Seismogragh 软件实现，该软件的分析误差较小，满足精度要求。所测数据主要为三维合成速度 PPV（cm/s），测振仪还能同时测出地面质点振动的其他参数，如水平径向、水平切向和垂直方向的最大振速、最大位移、振动频率等，具体的测试结果见表 2-3～表 2-5（表中，m_{max} 为最大段装药量，t_1 为最大速度发生时间，t_2 为最大加速度发生时间，v_{max} 为速度最大值，a_{max} 为加速度最大值）。

关于质点速度峰值的研究是爆破地震效应的基础研究之一，因为在目前，国内外主要以质点速度峰值来评估爆破地震强度[43,44,47,120]。大量的测试资料和工程实践表明[121]，地面最大振动速度与建筑结构破坏的相关性较好。根据现有软件和数学工具，应用 MATLAB 语言编程，对本次爆破测试振动信号进行傅里叶分析，对测试数据进行了统计与分析，得到了一些重要结论。

由于测试数据较多，取其中两个有代表性的振动图形进行分析，见图 2-3～图 2-8。

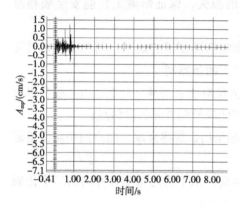

图 2-3　测点 2 垂直方向速度时程曲线

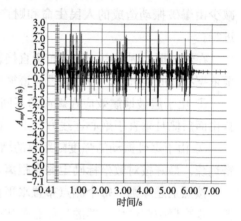

图 2-4　测点 3 垂直方向速度时程曲线

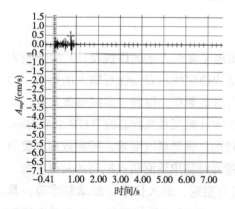

图 2-5　测点 2 水平径向速度时程曲线

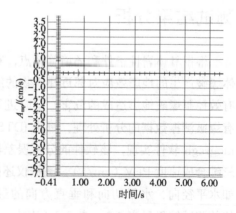

图 2-6　测点 3 水平径向速度时程曲线

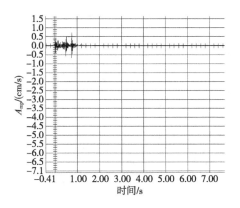

图 2-7 测点 2 水平切向速度时程曲线

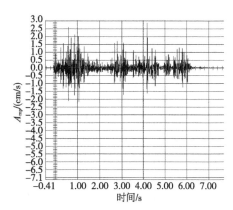

图 2-8 测点 3 水平切向速度时程曲线

表 2-3 垂直方向振动测试数据汇总

序号	R/m	m_{max}/kg	t/s	t_1/ms	t_2/ms	v_{max} /(cm/s)	a_{max} /(cm/s^2)	主频/Hz
1	20.80	1.00	0.0419	1.6000	0.80	0.4999	680.00	344.017
2	15.00	1.00	0.2200	5.2000	3.10	0.3995	278.00	103.539
3	20.05	1.00	0.2169	12.8000	16.20	0.3213	98.00	40.673
4	10.00	1.55	0.3708	1.4000	3.00	0.4284	260.00	103.649
5	22.00	1.00	0.2058	12.9000	16.20	0.3027	91.00	56.542
6	27.15	1.55	0.3117	5.7000	7.60	0.5730	476.00	127.343
7	18.05	1.00	0.2317	13.2000	10.90	0.4480	148.00	39.678
8	15.25	1.55	0.1556	6.8000	8.20	0.7455	487.00	101.708
9	25.15	1.55	0.2187	18.4000	1.80	0.4366	191.00	41.289
10	19.95	0.90	0.1920	5.5000	3.70	0.6056	377.00	103.549
11	30.05	1.55	0.2185	18.0000	21.20	0.4409	159.00	40.678
12	15.15	1.00	0.1940	4.8800	6.60	0.4212	285.00	127.953
13	5.15	2.35	0.2191	14.3000	10.20	5.7523	1977.00	40.062
14	8.00	1.55	0.2081	3.9000	5.70	2.4156	990.00	28.466

序号	R/m	$m_{\max}/\text{kg}$	t/s	t_1/ms	t_2/ms	$v_{\max}$ /(cm/s)	$a_{\max}$ /(cm/s^2)	主频/Hz
15	15.10	2.00	0.0169	3.8000	1.70	1.6724	2509.00	131.005
16	10.00	2.35	0.0518	4.1000	4.90	3.8693	2390.00	38.231
17	9.80	1.55	0.0602	16.7000	8.40	1.6498	809.00	40.673
18	12.95	1.55	0.0263	14.6000	14.80	2.1031	1085.00	455.712
19	9.90	1.45	0.0428	4.9000	4.10	1.3415	1495.00	99.878
20	7.10	1.00	0.0425	1.1000	2.00	1.8588	1247.00	98.656

表 2-4　水平径向振动测试数据汇总

序号	R/m	$m_{\max}/\text{kg}$	t/s	t_1/ms	t_2/ms	$v_{\max}$ /(cm/s)	$a_{\max}$ /(cm/s^2)	主频/Hz
1	20.80	1.00	1.6370	4.1920	24.20	0.1010	36.00	51.048
2	15.00	1.00	0.7389	82.4000	5.50	0.1609	43.00	15.648
3	20.05	1.00	0.0973	1.3000	4.50	0.3470	141.00	58.475
4	10.00	1.55	0.7928	82.4000	2.40	0.1630	60.00	15.748
5	22.00	1.00	0.1010	1.5000	2.60	0.3498	183.00	14.427
6	27.15	1.55	0.6989	4.0000	2.90	0.1848	71.00	15.648
7	18.05	1.00	0.0939	2.3000	3.80	0.4218	333.00	58.594
8	15.25	1.55	0.4948	84.1000	3.90	0.1917	104.00	15.648
9	25.15	1.55	0.0985	6.5000	7.60	0.4979	442.00	59.594
10	19.95	0.90	0.7035	57.4000	2.00	0.1721	71.00	15.648
11	30.05	1.55	0.0559	6.1000	7.20	0.4940	256.00	59.594
12	15.15	1.00	0.6597	7.0000	10.70	0.1553	57.00	15.648
13	5.15	2.35	0.2785	39.0000	80.00	2.1608	566.00	27.245
14	8.00	1.55	1.5818	7.3000	12.30	0.7929	18.00	37.622
15	15.10	2.00	0.0875	3.2000	2.80	0.4291	544.00	199.346

序号	R/m	m_{max}/kg	t/s	t_1/ms	t_2/ms	v_{max} /(cm/s)	a_{max} /(cm/s^2)	主频/Hz
16	10.00	2.35	0.0829	113.8000	12.10	3.0094	1557.00	25.424
17	9.80	1.55	0.0788	37.0000	7.50	1.3415	473.00	26.024
18	12.95	1.55	1.5495	2.0300	8.50	0.1980	351.00	51.048
19	9.90	1.45	1.6289	3.8680	34.60	0.1109	35.00	51.048
20	7.10	1.00	1.6385	0.7618	6.20	0.1136	35.00	51.049

表 2-5　水平切向振动测试数据汇总

序号	R/m	m_{max}/kg	t/s	t_1/ms	t_2/ms	v_{max} /(cm/s)	a_{max} /(cm/s^2)	主频/Hz
1	20.80	1.00	0.1221	5.0000	3.80	0.2506	246.00	121.239
2	15.00	1.00	0.3971	14.3000	10.60	0.2818	106.00	14.427
3	20.05	1.00	0.1435	9.2000	4.50	0.2071	92.00	78.524
4	10.00	1.55	0.5044	8.6000	10.80	0.2404	103.00	14.427
5	22.00	1.00	0.1055	9.3000	8.20	0.2876	138.00	79.125
6	27.15	1.55	0.3506	15.2000	18.70	0.3614	166.00	14.427
7	18.05	1.00	0.3525	6.0000	5.00	0.2074	99.00	34.800
8	15.25	1.55	0.3290	15.5000	11.70	0.3823	236.00	14.427
9	25.15	1.55	0.1582	14.4000	13.40	0.2341	201.00	35.890
10	19.95	0.90	0.3509	14.0000	17.70	0.3500	173.00	14.427
11	30.05	1.55	0.3539	30.6000	12.50	0.1906	106.00	30.907
12	15.15	1.00	0.4170	11.8000	10.10	0.2116	124.00	14.427
13	5.15	2.35	0.2611	32.2000	34.90	3.3114	1036.00	19.921
14	8.00	1.55	1.5626	3.9541	6.30	0.4544	19.00	86.590
15	15.10	2.00	0.1213	2.4000	2.00	0.4866	484.00	121.239

序号	R/m	m_{max}/kg	t/s	t_1/ms	t_2/ms	v_{max} /(cm/s)	a_{max} /(cm/s²)	主频/Hz
16	10.00	2.35	0.1134	4.0000	2.30	1.8273	1721.00	28.4659
17	9.80	1.55	0.0843	32.8000	1.80	1.1907	689.00	28.465
18	12.95	1.55	0.0376	2.5000	14.40	1.6820	935.00	319.6336
19	9.90	1.45	0.0917	7.8000	15.000	0.6490	536.00	121.239
20	7.10	1.00	0.0472	8.0000	5.30	0.9255	881.00	94.994

2.2.3.1 爆破振动速度的频谱分析

频谱分析就是把时间域的各种动态信号变换到频率域进行分析，分析的结果是以频率为横坐标的各种动态参量的谱线和曲线。频谱分析中的重要工具是傅里叶变换，经过傅里叶变换，把原时间域内包含的信息变换到频率域内进行分析，可以辨别出组成任意波形的一些不同频率的正弦波和它们各自的振幅。

爆破振动信号是一个复杂的振动信号，包含很多频率成分，其中有一个或几个为主要频率成分。在振动分析中，不同频率成分的信号对结构或设备的振动响应是不同的。在实际爆破工程中，同一爆破条件下，相邻建筑物的反应就可能极不相同，有的建筑物振动强烈，有的反应不大，其中一个重要原因就是爆破地震波中包含有很多频率成分，当其主要频率等于或接近某一建筑物的固有频率时，引起共振，该建筑物就振动强烈，否则振动影响就弱，因此，在爆破振动分析中，研究爆破地震波的频率成分对结构的动力反应是非常有实际价值的。

频谱分析包含很多内容。根据实际工程需要，对爆破振动信号这类随机信号主要是用功率谱密度做频谱分析。功率谱是各次谐波能量（或功率）随频率的分布情况。通过频谱分析，可求得爆破振动信号的各种频率成分和它们的幅值（或能量）。本文运用 MATLAB 编程，对实测爆破振动数据进行频谱分析，得到了实测波形的主频和高能量所在的频带。取两组典型的爆破振动波形进行分析，如图 2-9、图 2-10 所示。

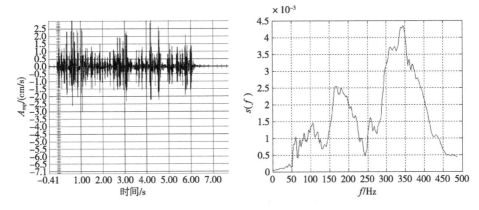

图 2-9　测点 3 数据垂直方向振动波形及频谱图

测点 3 由于水平径向振动速度太小，无波形显示。

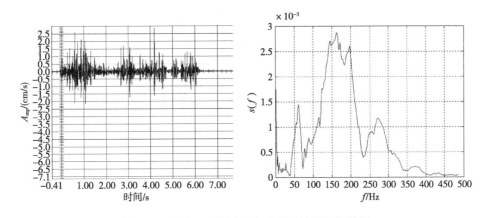

图 2-10　测点 3 数据水平切向振动波形及频谱图

由 FFT 分析的频谱图可以得到：测点 3 垂直方向的主频为 340Hz，振动能量主要集中在 160～380Hz；由于水平径向振动速度太小，无波形图和频谱图；水平切向的主频为 160Hz，振动能量主要集中在 120～210Hz。

由 FFT 分析的频谱图（图 2-11～图 2-13）可以得到：测点 2 垂直方向的主频为 310Hz，振动能量主要集中在 260～370Hz；水平径向的主频为 302Hz，振动能量主要集中在 265～345Hz；水平切向的主频为 170Hz，振动能量主要集中在 120～210Hz。

通过实测爆破数据的 FFT 分析及众多学者的研究成果可知：爆破振动波

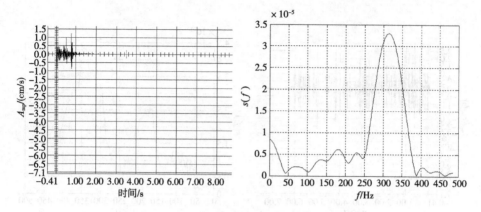

图 2-11　测点 2 数据垂直方向振动波形及频谱图

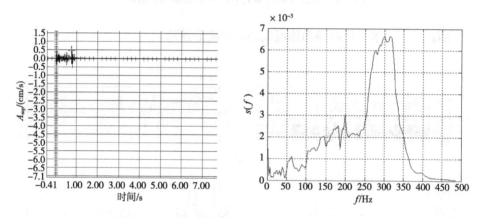

图 2-12　测点 2 数据水平径向振动波形及频谱图

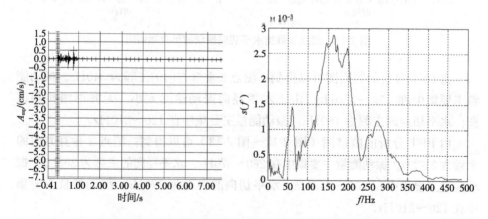

图 2-13　测点 2 数据水平切向振动波形及频谱图

浅埋地下爆破振动
预测技术

是随机性的瞬态波形，含有丰富的谐波频率，具有一定的频带宽度。爆破振动能量主要集中在50Hz以上的频带，与一般建筑物的固有频率（几赫兹）相比，一般不会造成由共振引起的建筑物破坏。

2.2.3.2 爆破振动参数的统计分析

在爆破地震的中远区，爆破振动参数在垂直方向、水平径向和水平切向三个方向上的数据是有区别的，针对本次爆破数据，以测点的序号 N 作为 X 轴，以爆破振动参数为 Y 轴，做了对比，如图2-14～图2-19，得出了一些重要结论。

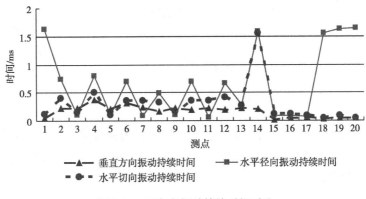

图 2-14　三方向振动持续时间对比

由图2-14可以得到：爆破振动区别于天然地震动的一点是爆破振动的振动时间很短，从几毫秒到几百毫秒不等。除个别奇异点外，垂直方向振动持续时间最短，水平径向振动持续时间最长，水平切向振动持续时间处于中间位置。

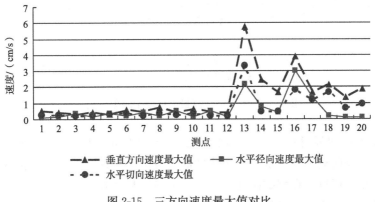

图 2-15　三方向速度最大值对比

由图2-15可以得到：垂直方向速度的最大值高于水平径向和水平切向速

度最大值；除个别奇异点外，水平切向速度最大值高于水平径向速度最大值。

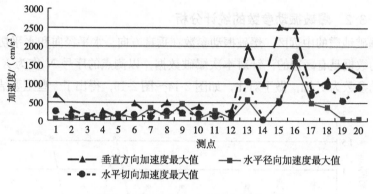

图 2-16 三方向加速度最大值对比

由图 2-16 可以得到：除个别奇异点外，垂直方向加速度的最大值高于水平径向和水平切向加速度最大值，但是水平切向和水平径向加速度最大值高低的规律表现不明显。

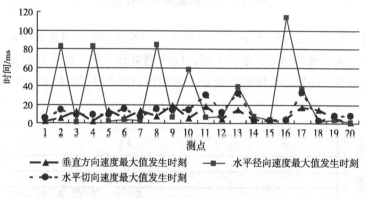

图 2-17 三方向速度最大值发生时刻对比

由图 2-17 可以得到：三方向速度最大值不是在同一时刻出现；水平径向速度最大值出现时刻最晚，水平切向速度最大值出现时刻晚于垂直方向速度最大值出现时刻。所以，在爆破振动分析中，单纯以某个方向的速度作为判定结构物破坏的指标是不够精确的，对于结构物的动力影响，应该是三者矢量叠加的结果。

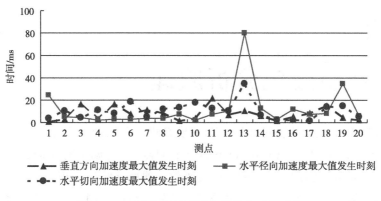

图 2-18　三方向加速度最大值发生时刻对比

由图 2-18 可以得到：三方向加速度最大值也不在同一时刻出现；具体三方向加速度最大值出现时刻的先后顺序未表现出明显规律。

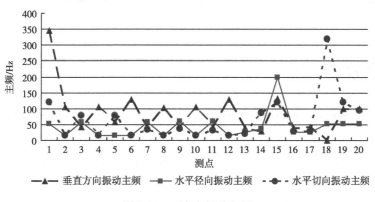

图 2-19　三方向振动主频

主频是质点速度峰值对应的频率。当建（构）筑物的结构体或其子结构的固有频率与爆破振动的主频或次主频相近时，会引起共振，造成建（构）筑物失稳或开裂破坏。所以，研究主频的分布情况对结构动力分析有非常重要的实际意义。由图 2-19 可以得到：爆破地震波的主频率较高，一般可达 $10^1 \sim 10^2$ Hz 数量级，本次爆破振动波三方向的振动主频分布相对集中在 $50 \sim 130$ Hz，除个别奇异点外，垂直方向振动主频大于水平切向和水平径向振动主频，水平径向主频又低于水平切向主频，所以在爆破动力分析中，应该从速度和主频分布情况等多方面来进行分析。

2.3
小波及小波包分析原理

近几年来，迅速发展起来的小波变换是进行信号处理的有力工具。小波（wavelet）和小波分析（wavelet packet analysis）同属于时频局部化分析方法，是调和函数（包括函数空间、广义函数、傅里叶级数和积分、奇异积分算子与拟微分算子等）半个世纪以来的工作结晶，在许多国家已成为众多学科共同关注的热点[126-129]。局部化与多尺度分析是小波变换精华所在，由于良好的时频局部化特性，小波理论突破了 Fourier 分析在时频域分辨率差的缺陷，它能够把任何测量信号映射到一个由小波伸缩而成的一组基函数上，在通频带范围内得到分布在各个不同频带内的分解序列。本节主要介绍小波基本理论。

2.3.1
小波变换应用

小波变换（wavelet transform）是二十世纪八十年代后期发展起来的应用数学分支。小波的概念首先是由法国从事石油信号处理的地球物理学家 J. Morlt 在 1984 年提出来的。后来，数学家 Y. Meyer 构造了具有一定衰减性质的光滑小波函数 Ψ，而 I. Daubenchies 构造了具有有限支集的正交小波基。 1989 年，S. Mallat 与 Y. Meyer 合作建立了构造小波基的通用方法——多尺度分析 MRA（multi-resolution analysis），并提出了著名的 Mallat 快速算法，使小波变换成为重要的实用工具。近年来，小波分析在法、美、意等西方发达国家成为众多科学的研究热点，法国物理研究中心 Garoline Gonnet、Bruno Torresani 利用二维小波变换进行局部频率分析，并把它应用于计算机图像处理上，取得了良好的图像分析和重构效果。美国威斯康星大学电子与计算机系的 John A. Gubner、Weibing Chang 进一步发展了离散时间周期信号的小波变换理论，使快速小波变换的复杂性大大降低。意大利那不勒斯大学物理系的 Gianpaolo Evangelista 则利用小波理论进行了语言和音乐方面的信号处理研究。这些例子都说明小波分析可以广泛应用于信号处理、图像处理、量子理论、地震勘探、语音识别与合成、音乐、雷达、CT 成像、彩色复印、流体湍流、天体识别、机器视觉、机器故障诊断与监控、分形以及数字电视等科技领域。除此之外，小波变换已开始应用于结构分析中，如结构随机地震反应分析、结构识别等。将小波变换分析理论引入爆破振动信号的处理是当今爆破科技工作者的一项重要课题。

小波分析是将信号分解成低频和高频两部分。在分解过程中，低频部分失去的信号由高频部分捕获。在下一层分解中，又将所分解出的低频部分分解成低频和高频两个部分，低频中失去的信号同样由高频部分捕获。如此类推下去，可以完成更深层次的分解。另有一种由 M. V. Wickerhauser 和 R. R. Coifman 等在小波变换的基础上进一步提出的小波包分析方法，它不仅对低频部分进行分解，而且也对高频部分实施等带宽分解，是一种更精细的方法。

小波理论最主要的特点就是时频局部特性好。被认为是傅里叶分析方法的突破性发展，是一种新时变信号的时频两维分析方法。它与短时傅里叶变换的最大不同之处是其分析精度可变，是一种加时变窗分析方法。在时频相平面的高频段具有高的时间分辨率和低的频率分辨率，而在低频段具有低的时间分辨率和高的频率分辨率，克服了傅里叶变换中时频分辨率恒定的弱点。因此，它能在具有足够时间分辨率的前提下对信号中的短时高频成分进行分析，也能在很好的频率分辨率下对信号中的低频进行估计，符合描述地震动幅值非平稳和频率非平稳的要求，所以小波理论是分析结构地震反应的有效方法。

在爆破振动中，建（构）筑物的动态特性是受爆破地震动信号在时域和频域中随机性特点的双重影响。这就要求工程技术人员在对由爆破振动引起的结构物响应进行安全评估时，应当从地震动信号的时频域进行综合分析，从而避免单独在时域或频域中进行分析时结论的片面性。因为有时不同爆破振动输入的傅里叶幅值谱在主频处具有相同的幅度，所以它们对具有相同自振主频结构物的破坏效果有可能完全不同，即傅里叶变换的频谱分析只有单一的优势，不能体现爆破振动波形多主震频带特征。这些不同主震频带细节构成对保护对象的动态加载，使不同建筑物的动态响应在不同主震带下具有较大差异，需建立符合波形多主震频带特征的爆破振动危害评价标准。宋光明等[113]考虑各主震频带下不同优势频率对整个爆破振动危害的效果起联合影响，根据小波包细节信号的振动幅度值，在整个实测信号危害程度中用所占的比例来确定一定主震频带范围内质点振速的判据。黄文华等[114]利用小波变换将爆破地震信号在时域、频域上展开，根据不同频带的地震波对结构的危害程度取加权系数，将地震波信号在各个频带上的主震能量按加权系数合成，提出了用合成后能量值作为爆破地震危害程度的判据。

2.3.2
小波变换基本理论

传统时间函数 $f(t)$ 的傅里叶变换对为：

$$f(t) = \frac{1}{2\pi}\int_{-\infty}^{\infty} F(\omega)e^{i\omega t}d\omega$$

$$F(\omega) = \int_{-\infty}^{\infty} f(t)e^{-i\omega t}dt \tag{2-3}$$

它是一种频域分析，在时间域中没有任何分辨。

小波，即小区域的波。小波函数定义为：设 $\Psi(t)$ 为一平方可积函数，即 $\Psi(t) \in L^2(R)$，若其傅里叶变换 $\Psi(\omega)$ 满足条件：$\int_R \frac{|\Psi(\omega)|^2}{\omega}d\omega < \infty$，则称 $\Psi(t)$ 为一个基本小波或小波母函数。

2.3.2.1 连续小波变换

将小波母函数 $\Psi(t)$ 进行伸缩和平移，设其伸缩因子（又称尺度因子）为 a，平移因子为 τ，令其平移伸缩后的函数为 $\Psi_{a,\tau}(t)$，则有：

$$\Psi_{a,\tau}(t) = a^{-\frac{1}{2}}\Psi\left(\frac{t-\tau}{a}\right), \ a > 0, \ \tau \in R \tag{2-4}$$

称 $\Psi_{a,\tau}(t)$ 为依赖于参数 a、τ 的小波基函数。由于尺度因子 a、平移因子 τ 是取连续变化的值，因此称 $\Psi_{a,\tau}(t)$ 为连续小波基函数。

由于小波基函数在时间、频率域中都具有有限或近似有限的定义域，显然，经过伸缩平移后的函数在时、频域仍是局部性的。

将任意 $L^2(R)$ 空间中的函数 $f(t)$ 在小波基下展开，称这种展开函数 $f(t)$ 为连续小波变换，其表达式[130]为：

$$WT_f(a,\tau) \leqslant f(t), \Psi_{a,\tau} \geqslant \frac{1}{\sqrt{a}}\int_R f(t)\overline{\Psi\left(\frac{t-\tau}{a}\right)}dt \tag{2-5}$$

式中，$WT_f(a,\tau)$ 为小波变换系数。

小波变换意味着将一个时间函数投影到二维的时间-尺度相平面上，是一种变分辨率的时频联合分析方法。当分辨低频（对于大尺度）信号时，时间窗很大；当分辨高频（对于小尺度）信号时，时间窗减小。这恰恰符合时间问题中高频信号的持续时间短、低频信号持续时间长的自然规律。

连续小波变换具有以下性质：

性质 1（线性）

设 $f(t), g(t) \in L^2(R)$，$k_1, k_2 \in \mathbf{R}$ 是常数，则：

$$[W_\Psi(k_1 f + k_2 g)](a, b) = k_1 (W_\Psi f)(a, b) + k_2 (W_\Psi g)(a, b)$$

$$(2\text{-}6)$$

性质 2（平移性）

设 $f(t) \in L^2(R)$，则：

$$[W_\Psi f(t - t_0)](a, b) = (W_\Psi f)(a, b - t_0) \tag{2-7}$$

性质 3（相似性）

设 $f(t) \in L^2(R)$，则：

$$[W_\Psi f(\lambda t)](a, b) = \frac{1}{\sqrt{\lambda}}(W_\Psi f)(\lambda a, \lambda b) \quad \lambda > 0 \tag{2-8}$$

性质 4（Parseval 等式）

设 $f(t), g(t) \in L^2(R)$，则：

$$\int_{\mathbf{R}^+} \int_{\mathbf{R}} \frac{1}{a^2}(W_\Psi f)(a, b)\overline{(W_\Psi g)}(a, b)\mathrm{d}b\,\mathrm{d}a = c_\Psi \int_{\mathbf{R}} f(t)\bar{g}(t)\mathrm{d}t \tag{2-9}$$

其中：

$$c_\Psi = \int_0^{+\infty} \frac{|\bar{\Psi}(\omega)|^2}{\omega}\mathrm{d}\omega$$

性质 5（能量积分）

在性质 4 中，取 $f(t) = g(t)$ 可得：

$$\int_{\mathbf{R}^+} \int_{\mathbf{R}} \frac{1}{a^2}(W_\Psi f)(a, b)\overline{(W_\Psi g)}(a, b)\mathrm{d}b\,\mathrm{d}a = c_\Psi \int_{\mathbf{R}} |f(t)|^2 \mathrm{d}t = c_\Psi \| f \|_{L^2}^2$$

$$(2\text{-}10)$$

性质 6（反演公式）

设 $f(t) \in L^2(R)$，则：

$$f(t) = \frac{1}{c_\Psi} \int_0^{+\infty} \int_{\mathbf{R}} \frac{1}{a^2}(W_\Psi f)(a, b)\Psi_{a,b}(t)\mathrm{d}b\,\mathrm{d}a \tag{2-11}$$

性质 7（连续小波变换对函数正则性的刻画）

① 假定 $\int_{\mathbf{R}}(1 + |t|)\Psi(t)\mathrm{d}t < +\infty$，且 $\bar{\Psi}(0) = 0$，若有界函数 $f(t)$ 是指数 α（$\alpha > 0$）Holder 连续的，即：

$$|f(t_1) - f(t_2)| \leqslant c|t_1 - t_2|^\alpha$$

则 $f(t)$ 的连续小波变换 $(W_\Psi f)(a, b)$ 满足：

$$|(W_\Psi f)(a,b)| < c|a|^{\alpha+\frac{1}{2}} \tag{2-12}$$

② 反过来，假定 $\Psi(t)$ 是紧支撑，$f(t) \in L^2(\mathbf{R})$ 有界且连续，$\alpha \in (0,1)$，若：

$$|(W_\Psi f)(a,b)| < c|a|^{\alpha+\frac{1}{2}} \tag{2-13}$$

则 $f(t)$ 是具有指数 α 的 Holder 连续性。

连续小波运算主要分为以下 5 个步骤：

① 选择一个小波函数，并将这个小波与要分析的信号起始点对齐；

② 计算在这一时刻要分析的信号与小波函数的逼近程度，即计算小波变换系数 C，C 越大，就意味着该时刻的信号与所选择的小波函数波形越相像；

③ 将小波函数沿着时间轴向右移动一个单位时间，然后重复步骤①、②，求出该时刻的小波变换系数 C，直到覆盖整个信号长度；

④ 将所选择的小波函数尺度伸缩一个单位，然后重复步骤①、②、③；

⑤ 对所有的尺度重复步骤①②③④。

进行完上述步骤，将得到使用不同尺度、评估信号在不同时间段的大量系数。这些系数表征了原始信号在这些小波函数上的投影大小，可以以图形的方式直观地展示计算得到的结果。

连续小波变换的逆变换为：

$$f(t) = \frac{1}{c_\Psi} \int_0^\infty \frac{\mathrm{d}a}{a^2} \int_{-\infty}^\infty WT_f(a,\tau)\Psi_{a,\tau}(t)\mathrm{d}\tau \tag{2-14}$$

其中：

$$c_\Psi = \int_0^\infty \frac{|\Psi(a\omega)|^2}{a}\mathrm{d}a < \infty$$

2.3.2.2 离散小波变换

虽然从提取信号特征的角度看，常常还需要采用连续小波变换，但是在每个可能的尺度离散点都去计算小波系数，那将是个巨大的工程，所以在实际应用中，尤其是在计算机上实现时，连续小波必须加以离散。注意：这一离散化是针对尺度参数 a 和平移参数 b，而不是针对时间变量 t。通常，取 $a = a_0^j$，$b = ka_0^j b_0$，且 $j \in \mathbf{Z}$，扩展步长 $a_0 \neq 1$，是固定值。为方便起见，总是假设 $a_0 > 1$，这时"容许条件"变为：

$$C_\Psi = \int_0^{+\infty} \frac{|\overline{\Psi}(\overline{\omega})|^2}{|\overline{\omega}|}\mathrm{d}\overline{\omega} < \infty \tag{2-15}$$

所以对应的离散小波函数 $\Psi_{j,k}(t)$ 为：

$$\Psi_{j,k}(t) = a_0^{-\frac{j}{2}} \Psi\left(\frac{t - ka_0^j b_0}{a_0^j}\right) = a_0^{-\frac{j}{2}} \Psi(a_0^{-j}t - kb_0) \qquad (2\text{-}16)$$

而离散化小波变换系数则可以表示为：

$$C_{j,k} = \int_{-\infty}^{+\infty} f(t)\overline{\Psi_{j,k}(t)}\mathrm{d}t = \langle f, \Psi_{j,k}\rangle \qquad (2\text{-}17)$$

其重构公式为：

$$f(t) = C\sum_{-\infty}^{+\infty}\sum_{-\Psi}^{+\infty} C_{j,k}\Psi_{j,k}(t) \qquad (2\text{-}18)$$

为在计算机上实现计算和减少信息的冗余，常将小波基函数的 a、τ 限定在一些离散点上取值，一般将尺度按幂级数进行离散化，即取 $a_m = a_0^m$（m 为整数；$a_0 \neq 1$，常取 $a_0 = 2$）。通常对 τ 进行均匀离散取值，以覆盖整个时间轴，可见采样率降低一半，采样间隔增大一倍。若 $m = 0$ 时，τ 间隔为 T_s，则

$$\Psi_{a,\tau}(t) = \frac{1}{\sqrt{2^m}}\Psi\left(\frac{t - 2^m n T_s}{2^m}\right)，记作 \Psi_{m,n}(t)$$

把 t 轴用 T_s 归一化（认为 $T_s = 1$），有：

$$\Psi_{m,n}(t) = 2^{-\frac{m}{2}}\Psi(2^{-m}t - n)$$

任意函数 $f(t)$ 离散小波变换为：

$$WT_f(m, n) = \int_{\mathbf{R}} f(t)\overline{\Psi_{m,n}(t)}\mathrm{d}t \qquad (2\text{-}19)$$

法国学者 Daubechies 对尺度取 2 的整幂条件下的小波变换进行了较深入的研究。其 db8 小波的震荡性好，率减迅速，与爆破振动信号有较强的相似性，这有利于从爆破振动信号中提取各个频带的分量。

2.3.2.3　二进小波变换

为了使小波变换具有可变换的时间和频率分辨率，适应待分析信号的非平稳性，需要改变 a 和 b 的大小，以使小波变换具有"变焦距"的功能。在实际应用中，特别是在计算机实现上，往往使用一种离散小波变换的更简便形式，即只在尺度上进行二进制离散，使 $a_0 = 2$，而位移仍连续变化，称这类小波为二进小波（dyadic wavelet），相应的小波变换称为二进小波变换。二进小波可表示为：

$$\Psi_{j,k}(t) = 2^{-\frac{j}{2}}\Psi(2^{-j}t - k)\ j,k \in \mathbf{Z} \qquad (2\text{-}20)$$

设小波函数 $\Psi(t) \in L^2(R)$，若存在两个常数 A, B，满足 $0 < A \leqslant B < +\infty$，使得：

$$A \leqslant \sum_{K=\mathbf{Z}} |\Psi(2^{-k}\omega)|^2 \leqslant B$$

成立，则称函数 Ψ 是 $L^2(R)$ 上的二进小波，称式（2-20）为此二进小波的稳定性条件，当 $A=B$ 时称为最稳定性条件。

二进小波变换可表示为：

$$W_{2^K}f(t) = f\Psi_{2^k}(t) = 2^{-k}\int_{\mathbf{R}} f(t)\Psi\left(\frac{x-t}{2^k}\right)\mathrm{d}t \qquad (2\text{-}21)$$

由卷积定理得：

$$\overline{W_{2^K}f(\omega)} = \bar{f}(\omega)\bar{\Psi}(2^k\omega) \qquad (2\text{-}22)$$

所以对于任意的 $f \in L^2(R,\mathrm{d}t)$：

$$A\parallel f\parallel^2 \leqslant \sum_{j=\mathbf{Z}} \parallel \omega_{2^j}f\parallel^2 \leqslant B\parallel f\parallel^2 \qquad (2\text{-}23)$$

二进小波变换的反演公式为：

$$f(t) = \sum_{\mathbf{R}} 2^k\int_{\mathbf{R}} W_f(b)T_{(2^{-k},b)}(t)\mathrm{d}b \qquad (2\text{-}24)$$

式（2-24）中函数 $T(t)$ 满足：

$$\sum_{\mathbf{R}} \Psi(2^k\omega)T(2^k\omega) = 1 \qquad (2\text{-}25)$$

称为二进小波 $\Psi(t)$ 的重构小波。

二进小波具有如下性质[117]：

① 二进小波一定是一个允许小波，且有：

$$A\ln 2 \leqslant \int_{\mathbf{R}+} \frac{|\bar{\Psi}(\omega)|^2}{\omega}\mathrm{d}\omega \leqslant B\ln 2 \qquad (2\text{-}26)$$

特别当 $A=B$ 时，$C_{\Psi} = \int_{\mathbf{R}+} \frac{|\bar{\Psi}(W)|^2}{\omega}\mathrm{d}\omega = A\ln 2$。

② 二进小波具有平移不变性。

由于二进小波只对尺度参数进行了离散化，而对时间域上的平移参数保持连续，因此二进小波在时域上有平移不变性。

记 $\tau \in \mathbf{R}$，$f(t)$ 的平移为：

$$f_{\tau}(t) = f(t-\tau)$$

则其二进小波变换为：

$$W_{2^K}f_{\tau}(t) = W_{2^K}[f_{\tau}(t)] \qquad (2\text{-}27)$$

上式表明：f 的平移二进小波变换等于它的二进小波变换的平移。

③ 二进小波变换的冗余性。

在 2 范数下，式（2-23）变为：

$$A\parallel f\parallel_2^2 \leqslant \sum_{j\in\mathbf{Z}} \parallel \omega_{2^j}f\parallel_2^2 \leqslant B\parallel f\parallel_2^2$$

浅埋地下爆破振动
预测技术

$$A \leqslant \frac{\sum_{j \in \mathbf{Z}} \parallel \omega_{2^j} f \parallel_2^2}{\parallel f(t) \parallel_2^2} \leqslant B \qquad (2\text{-}28)$$

式（2-28）说明：当 $A = B = 1$ 时，信号 $f(t)$ 用二进小波展开后，其小波变换系数包含了 $f(t)$ 的全部信息，且无冗余性（各系数之间是线性无关的）；当 $A \neq B$ 时，由二进小波构成的 $L^2(R)$ 的框架是冗余的，当信号 $f(t)$ 用二进小波展开后，其系数间存在一定的相关性。

2.3.3
小波分析

小波分析理论是信号局部信息显示的直观框架，在非平稳信号分析中的作用非常重要。非平稳信号的频率随时间而变化，这种变化可分为快变和慢变两个部分。慢变是信号的主要轮廓，与其相对应的是非平稳信号的低频部分；快变是信号的细节部分，与其相对应的是非平稳信号的高频部分[102]。为了将信息的主要轮廓与细节部分分开，即把信号的低频与高频分开处理，Mallat 算法即 Mallat 系统提出了信号的塔式多分辨分析与重构的著名算法。

Mallat 算法的基本思想：设 $S_j f$ 是一能量有限信号 $f \in L^2(R)$ 在分辨率 2^j 下的近似，则 $S_j f$ 通过低通滤波器进一步分解为 f 在分辨率 2^{j-1} 下的近似 $H_{j-1} f$，与通过高通滤波器进一步分解为位于分辨率 2^{j-1} 与 2^j 之间的细节 $D_{j-1} f$ 两部分。Mallat 算法在小波分析中的地位类似于 FFT 在经典傅里叶分析中的地位。以四层分析为例，Mallat 算法的分解过程如图 2-20 所示。

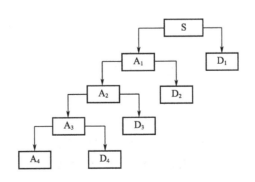

图 2-20　四层小波分析图

设 φ 为尺度函数，Ψ 为小波函数，则信号 f 在分辨率 2^{j-1} 近似为 $H_{j-1}f$ 和细节 $D_{j-1}f$ 分别假设为：

$$H_{j-1}f(x)=\sum_{k=-\infty}^{+\infty} a_k^{j-i}\varphi(2^{j-1}x-k)$$

$$D_{j-1}f(x)=\sum_{k=-\infty}^{+\infty} d_k^{j-i}\Psi(2^{j-1}x-k) \tag{2-29}$$

式中 　a_k^{j-1} ——2^{j-1} 下粗糙系数；

　　　d_k^{j-1} ——2^{j-1} 下细节系数。

小波分析计算的主要内容如下：

（1）尺度函数

空间 V_j 的基函数：$\varphi_{j,k}=2^{\frac{j}{2}}\varphi(2^j x-k)$，$k\in\mathbf{Z}$

尺度函数：
$$\begin{cases} \varphi(x)=\sum_{k\in\mathbf{Z}} h_k\varphi(2x-k) \\ \varphi(2^{j-1}x-1)=\sum_{k\in\mathbf{Z}} h_{k-2l}\varphi(2^j x-k) \\ \varphi_{j-1}(x)=\frac{\sqrt{2}}{2}\sum_{k\in\mathbf{Z}} h_{k-2l}\varphi_{j,k}(x) \end{cases} \tag{2-30}$$

（2）小波空间
$$\begin{cases} W_j\perp V_j, \quad V_{j+1}=V_j\oplus W_j \\ V_{j+1}=\cdots W_{j-2}\oplus W_{j-1}\oplus W_j \\ L^2(R)=\cdots W_{j-2}\oplus W_{j-1}\oplus W_j\oplus W_{j+1} \end{cases} \tag{2-31}$$

（3）小波
$$\begin{cases} \Psi(x)=\sum_k (-1)^k\overline{h_{1-k}}\varphi(2x-k) \\ \Psi(2^{j-1}x-l)=\sum_k (-1)^k h_{1-k+2l}\varphi(2^j x-k) \\ \Psi_{j,l}(x)=\frac{\sqrt{2}}{2}\sum_k (-1)^k\overline{h_{1-k+2l}}\varphi_{j+1,k}(x) \end{cases} \tag{2-32}$$

（4）正交基
$$W_j: \{\Psi_{j-1,k}\}, k\in\mathbf{Z}$$
$$V_j: \{\Psi_{j-1,k}\}\, k\in\mathbf{Z}\cup\{\Psi_{j,k}\}, k\in\mathbf{Z} \tag{2-33}$$
$$L^2(R): \{\Psi_{j,k}\}\, j,k\in\mathbf{Z}$$

（5）分解过程

浅埋地下爆破振动
预测技术

内积形式：
$$\begin{cases} \langle f, \varphi_{j-1,l} \rangle = \dfrac{\sqrt{2}}{2} \sum_{k \in \mathbf{Z}} \overline{h_{k-2l}} \langle f, \varphi_{j,k} \rangle \\ \langle f, \varphi_{j-1,l} \rangle = \dfrac{\sqrt{2}}{2} \sum_{k \in \mathbf{Z}} (-1)^k h_{1-k+2l} \langle f, \varphi_{j,k} \rangle \end{cases} \quad (2\text{-}34)$$

系数形式：
$$\begin{cases} a_l^{j-1} = \dfrac{1}{2} \sum_{k \in \mathbf{Z}} \overline{h_{k-2}} a_k^j \\ d_l^{j-1} = \dfrac{1}{2} \sum_{k \in \mathbf{Z}} (-1)^k h_{1-k+2l} a_k^j \end{cases} \quad (2\text{-}35)$$

（6）重构过程

内积形式： $\langle f, \varphi_{j,k} \rangle = \sum_{l \in \mathbf{Z}} \dfrac{\sqrt{2}}{2} h_{k-2l} \langle f, \varphi_{j-1,l} \rangle + \sum_{l \in \mathbf{Z}} \dfrac{\sqrt{2}}{2} (-1)^k \overline{h_{1-k+2l}}$
$\langle f, \varPsi_{j-1,l} \rangle$

系数形式： $a_k^j = \sum_{l \in \mathbf{Z}} h_{k-2l} a_l^{j-1} + \sum_{l \in \mathbf{Z}} (-1)^k \overline{h_{1-k+2l}} d_l^{j-1} \quad (2\text{-}36)$

下面介绍小波分析的算法。

对于模为 1 的复数 Z，引入序列 $\{p_n\}$（或 φ）的符号：

$$P(z) = P_\varphi(z) = \frac{1}{2} \sum_{\infty} p_n z^n \quad (2\text{-}37)$$

以及序列 $\{q_n\}$（或 $\varPsi$）的符号：

$$Q(z) = \frac{1}{2} \sum_{-\infty}^{\infty} q_n z^n \quad (2\text{-}38)$$

由符号 P 和 Q 组成的 2×2 矩阵：

$$M(z) = \begin{bmatrix} P(z) & P(-z) \\ Q(z) & Q(-z) \end{bmatrix} \quad (2\text{-}39)$$

在 $|z|=1$ 上，作函数：

$$G(z) = \frac{Q(-z)}{\det M(z)}, \quad H(z) = \frac{-P(-z)}{\det M(z)} \quad (2\text{-}40)$$

$G(z)$，$H(z)$ 生成的序列 $\{g_n\}$，$\{h_n\} \in l$。对所有 $t \in \mathbf{R}$，φ 与 $\varPsi$ 之间有"分解关系"：

$$\phi(2t-l) = \frac{1}{2} \sum_{-\infty}^{\infty} \{g_{2n-l} \varphi(t-n) + h_{2n-l} \varPsi(t-n)\}, \, l \in \mathbf{Z} \quad (2\text{-}41)$$

令 $a_n = \dfrac{1}{2} g_{-n}$，$b_n = h_{-n}$，则式（2-41）可写作：

$$\varphi(2t-l) = \sum_{n=-\infty}^{\infty} \{a_{l-2n} \varphi(t-n) + b_{l-2n} \varPsi(t-n)\} \quad (2\text{-}42)$$

$$l = 0, \pm 1, \pm 2, \cdots$$

对于任一 $f(t) \in L^2(R)$ 都有唯一分解:

$$f(t) = \sum_{k=-\infty}^{\infty} g_k(t) = \cdots + g_{-1}(t) + g_0(t) + g_1(t) + \cdots \qquad (2\text{-}43)$$

其中, $g_k(t) \in W_k$。

令 $f_k(t) \in V_k$, 则:

$$f_k(t) = g_{k-1}(t) + g_{k-2}(t) + \cdots \qquad (2\text{-}44)$$

并且:

$$f_k(t) = g_{k-1}(t) + f_{k-1}(t) \qquad (2\text{-}45)$$

其中:

$$f_k(t) = \sum_{-\infty}^{\infty} c_{k,j} \varphi(2^k t - j) \qquad (2\text{-}46)$$

$$g_k(t) = \sum_{-\infty}^{\infty} d_{k,j} \Psi(2^k t - j)$$

在 $c_{k,j}$, $d_{k,j}$ 中, k 代表分解水平。

对于固定的 k, 由 $\{c_{k+1,n}\}$ 求 $\{c_{k,n}\}$、$\{d_{k,n}\}$ 的算法称为分解算法[118], 如下式:

$$\begin{cases} c_{k,n} = \sum_l a_{l-2n} c_{k+1,l} \\ d_{k,n} = \sum_l b_{l-2n} c_{k+1,l} \end{cases} \qquad (2\text{-}47)$$

同样, 固定 k, 由 $\{c_{k,n}\}$ 求 $\{c_{k+1,n}\}$、$\{d_{k,n}\}$ 的算法称为重构算法。应用两尺度关系得出:

$$c_{k+1} = \sum_l p_{n-2l} c_{k,l} + q_{n-2l} d_{k,l} \qquad (2\text{-}48)$$

2.3.4

小波包分析基本原理

一个给定的信号 $x(t)$ 若进行 i 层小波包分解, 在该层分解中可以得到 $j = 2^i$ 个子频率带[115]; 若原始信号的最低频率成分为 0, 最高频率成分为 ω_m, 每个子带的频率宽带为 $\omega_m/2^i$。小波包分解系数重构, 可以提取各频带范围内的信号, 且总信号可以表示为

$$x(t) = \sum_k x_{i,k} = x_{i,0} + x_{i,1} + \cdots + x_{i,j-1}$$

式中，$x_{i,k}$ 为第 i 层分解节点 (i, k) 上的重构信号，$k=0, 1, 2\cdots, j-1$。

如果采用二次能量型时频表示对应于每个频带上的重构信号，可以定义时频谱：

$$\omega (t, \omega_k)=\left| x_{i,k}(t) \right|^2 \qquad (2-49)$$

式中，ω_k 为第 k 个频带的中心频率。第 k 个频带信号总能量为：

$$E_k=\int \omega (t, \omega_k) \mathrm{d}t =\int \left| x_{i,k}(t) \right|^2 \mathrm{d}t \qquad (2-50)$$

当频带划分足够细时，频带可以近似为连续的频率分布。原始信号频率范围内的集合 $\{E_k\}$ 正是信号功率谱密度分布规律。

2.3.4.1 小波包理论

小波包分析（wavelet packet analysis）是小波分析的一个改进，能够为信号提供一种更加精细的分析方法，它将频带进行多层次分析，对多分辨分析中没有细分的高频部分进一步分解，并能够根据分析信号的特性，自适应地选择相应频带，使之与信号频谱相匹配，从而提高了时频分辨率，因此小波包具有更广泛的应用价值。

小波包分析具有良好的时频定位特性以及对信号的自适应能力，属于线性时频分析法，能够对各种时变信号进行有效的分解。小波包对时变信号进行分解时，随分辨率 2^i 的增加，变宽的频谱窗口进一步分割变细，克服了小波分析中在低频处频率分辨率高，在高频处时间分辨率高，频率分辨率低的缺点。对于给定的信号，小波包分析通过一组高低组合正交滤波器 H、G，可以将信号划分到任意频段上。以三层小波包分析为例，分析过程见图2-21。

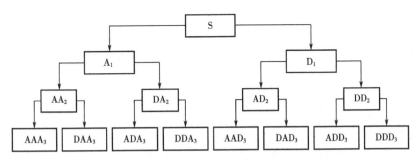

图 2-21　三层小波包分析

2.3.4.2 小波包算法

在小波包分解的过程中，随着分解层数的增加，数据点数成倍减半。若原始数据长度为 2^N，分解 L 次，则每个频段的数据长度变为 2^{N-L}，是原长的 $\dfrac{1}{2^L}$。

小波包滤波算法[103]的步骤如下：

① 选取共轭正交滤波器 h_k，令 $g_k = (-1)^{k-1} h_{1-k}$。

② 确定分解层数 L，$L > 0$。如果原始信号 $f(i)$ 长度为 2^N，采样频率为 f_s，则分解层数 L 应小于 N，第 L 层每个序列的带宽为 $f_s/2^{L+1}$，起始频率为 $f_n = (n-1) f_s/2^{L+1}$。

③ 根据需要，计算出位于第 L 层的某几个频段的频率成分，记为 $\{p_1, p_2, \cdots, p_n\}$。

④ 对原始数据进行逐层小波包分解，任意 L 层有位于不同频段的 2^{L-1} 组序列，每组序列分别由低通滤波结果 $d_j(k)$ 和高通滤波结果 $c_j(k)$ 组成，每组序列的长度为 $N/2^{L-1}$，令 $d_0(k) = f(k)$，$\tilde{h}_n = h_{-n}{}^*$，$\tilde{g}_n = g_{-n}{}^*$，则有下列递推公式：

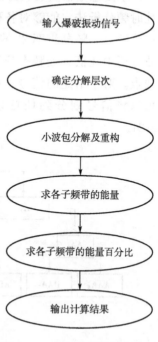

$$d_j(k) = \sum_{m \in \mathbf{Z}} \tilde{h}_{2k-m} d_{j-1}(m)$$

$$c_j(k) = \sum_{m \in \mathbf{Z}} \tilde{g}_{2k-m} d_{j-1}(m) \quad (j = 0, 1, \cdots, L)$$

$$(k = 0, 1, \cdots, N/2^{L-1} - 1)$$

$$⑤ \begin{cases} Nd_j(k) = d_j(k) & j \in \{p_1, p_2, \cdots, p_n\} \\ Nc_j(k) = c_j(k) & j \in \{p_1, p_2, \cdots, p_n\} \\ Nd_j(k) = 0 & j \notin \{p_1, p_2, \cdots, p_n\} \\ Nc_j(k) = 0 & j \notin \{p_1, p_2, \cdots, p_n\} \end{cases}$$

组成新的序列 $Nd_j(k)$，$Nc_j(k)$。

⑥ 利用重构公式重构信号：

$$d_{j-1}(l) = \sum_{k \in \mathbf{Z}} [d_j(k) h_1(l-2k) + c_j(k) g_1(l-2k)]$$

得到原始信号 $f(k) = d_0(k)$。

基于小波包分析的爆破振动信号分析，可以通过 MATLAB 语言编程实现，其整个实现过程见图 2-22。

图 2-22　小波包分析程序图

2.3.5
常用小波函数

小波变换与傅里叶变换的根本区别之一在于：小波变换中有多种小波基可供选择，这种不唯一性满足了实际问题的需要。从频域分析的观点看，小波基在本质上是一组带通滤波器。为了提取不同领域信号的特征信息，需要不同时频特征的小波基。小波基函数必须满足非常严格的限制方法，才能发展成一个好的小波变换函数。

小波基主要具有下列几个特征。

（1）紧支性与衰减性

如果描述尺度函数的低通滤波器可表征为 FIR 滤波器，那么尺度函数和小波函数只在有限区间非零，称小波函数具有紧支性。小波基在时域上具有紧支性，保证在时域上不会引起泄漏。

（2）消失矩

为了能够有效地检测出突变信号的奇异点，所选的小波基必须具有足够高的消失矩。

（3）正则性

正则性表现为小波基的可微性。在小波变换中，连续可微的小波基对于分析突变信号是必要的，对于大部分正交小波基，正则性越高就意味着具有更高的消失矩。

（4）对称性

对称或反对称的尺度函数和小波函数对构造紧支的正则小波基非常重要，而且具有线性相位。若滤波器具有线性相位，则可以避免在小波分解和重构时的失真。

下面介绍几种常用的基本小波。

（1）Haar 小波

1910 年，数学家 A. Haar 提出的 Haar 系 $h_{m,n}(t) = 2^{-\frac{m}{2}} h(2^{-m}t - n)$ $(m, n \in \mathbf{Z})$，是由母函数 $h(t)$ 生成的，它是最早用到的、最简单的具有紧支集的正交小波函数。

$$h(t) = \begin{cases} 1 & 0 \leqslant t < \dfrac{1}{2} \\ -1 & \dfrac{1}{2} \leqslant t < 1 \\ 0 & \text{其他} \end{cases} \tag{2-51a}$$

其频域形式为：

$$\overline{h}(\boldsymbol{\omega}) = i e^{-i\frac{\omega}{2}\frac{\sin^2\left(\frac{\omega}{4}\right)}{\frac{\omega}{4}}} \tag{2-51b}$$

由于 Haar 小波母函数在时频域是局部的，所以经伸缩、平移后的小波基函数，其时频域仍是局部的，在实际工程应用中受到很多限制。但是由于其结构简单，常用于理论研究中。

（2）Daubechies 小波

Daubechies 小波系是由法国学者 Daubechies 提出的一系列二进制小波的总称。在 MATLAB 中记为 dbN，N 为小波的序号，N 值取 2，3，…，10。除了 db1（即 Haar 小波）外，其他小波没有明确的解析表达式，但是转换函数 h 的平方模是很明确的，小波函数 Ψ 与尺度函数 φ 的有效支撑长度为 $2N-1$，小波函数 Ψ 的消失矩为 N。

（3）Morlet 小波

Morlet 小波是一复数小波，其定义为：

$$\Psi(t) = e^{-\frac{t^2}{2}} e^{i\omega t} \tag{2-52a}$$

其实部表达式为：

$$\Psi(t) = e^{-\frac{t^2}{2}} \cos(\omega t) \tag{2-52b}$$

Morlet 小波在时频域均具有良好的分辨率，常被用于复数信号的分解及时频分析中。

（4）Mexican hat 小波

Mexican hat 小波的形状类似墨西哥草帽，它是由高斯函数的二阶导形成的小波，所以形式如下：

$$\Psi(t) = \frac{2}{\sqrt{3}\sqrt{\pi}}(1 - t^2) e^{-\frac{t^2}{2}} \tag{2-53a}$$

其频域形式为：

$$\Psi(\omega) = \sqrt{2}\,\omega^2 e^{-\frac{t^2}{2}} \tag{2-53b}$$

（5）Shannon 小波

在 Shannon 小波中有如下的定义：

$$\Psi(t) = \frac{\sin\left(\frac{\pi t}{2}\right)}{\frac{\pi t}{2}} \cos\left(\frac{3\pi t}{2}\right) \qquad (2\text{-}54\text{a})$$

$$\bar{\Psi}(\omega) = \begin{cases} 1 & \pi < |\omega| < 2\pi \\ 0 & \text{其他} \end{cases} \qquad (2\text{-}54\text{b})$$

（6）Meyer 小波

1985 年法国数学家 Y. Meyer 利用紧框架理论构造出了该种小波基。有如下的定义：

$$\Psi(\omega) = \begin{cases} \frac{1}{\sqrt{2\pi}} \sin\left[\frac{\pi}{2} v\left(\frac{3}{2\pi}|\omega| - 1\right)\right] e^{i\frac{\omega}{2}} & \frac{2\pi}{3} \leqslant |\omega| \leqslant \frac{4\pi}{3} \\ \frac{1}{\sqrt{2\pi}} \cos\left[\frac{\pi}{2} v\left(\frac{3}{4\pi}|\omega| - 1\right)\right] e^{i\frac{\omega}{2}} & \frac{4\pi}{3} \leqslant |\omega| \leqslant \frac{8\pi}{3} \\ 0 & \text{其他} \end{cases}$$

$$(2\text{-}55)$$

Meyer 小波在频域具有紧支集并且具有任意阶正则性，所以在时频域都具有很好的局部性。

2.4
爆破地震波的小波包分析

2.4.1
爆破振动速度与加速度安全控制标准间的等效性

由于不同的结构具有不同的固有频率，不同频率的振动信号对结构的响应是不一样的，距离固有频率近的频率段对结构响应作用大，相反则作用小。如果选用作用并不太突出的主频来刻画爆破信号的频率特征,而丢弃其他与主频相近的频率成分,那么在进行结构动力响应分析时就可能产生较大的误差。经验表明,普通建(构)筑物的频率都相对较小,一般在 $0 \sim 10\,\text{Hz}$ 之间;而爆炸信号的频率则处于零至几百、几千赫兹之间,频率非常广。在这些频带中,夹杂着许多干扰波。因而,对爆破振动信号的频率成分进行精细分析显得十分必要。此外,爆破振动速度与加速度安全控制标准间的等效性,也应在细化振动信息的基础上进行。

对含有多种频率复合的爆破地震波,采用小波分析,将地震波在不同尺度上分解成频率较单一的多谐波组合,考虑结构破坏必须消耗一定的能量,可利用各谐波所占的能量比值作为各谐波的权值,得到速度与加速度的等效关系: $a_{\text{m}} = \sum_{1}^{n} \dfrac{E_i}{E} \omega_i v_{im}$,允许安全振速和允许安全振动加速度表示为:

$[a_{\text{m}}] = \sum_{1}^{n} \dfrac{E_i}{E} \omega_i [v_{im}]$,其中 ω_i 为第 i 个频带的主频率, E_i 为第 i 个频带的能量, E 为地震波的总能量, a_{m} 为等效加速度, v_{im} 为第 i 个频带主频对应的速度峰值。为了得到爆破地震波的频率成分,应进行小规模爆破波形测试。

2.4.2

工程概况

在青岛经济技术开发区鸿润广场地基爆破开挖工程中,由于该爆破开挖项目的爆破地点紧临居民区,爆破振动强度、飞石和爆破噪声等直接影响周围小区的居民,直接关系到该次爆破工程能否安全顺利进行。

山东科技大学工程爆破研究所依靠自身技术优势和先进的设备,对鸿润广场地基爆破开挖工程进行现场爆破测试和技术指导。本次爆破开挖工程监测选用的是成都中科动态仪器有限公司研制的 IDTS3850 测试系统,该测试系统有很好的动态响应特性,并且具有灵敏度高、误差小和操作使用方便等特点。该爆破区域的岩石为微风化岩石,岩体较完整,无明显节理和断层带。爆破环境及测点布置见图 2-23。

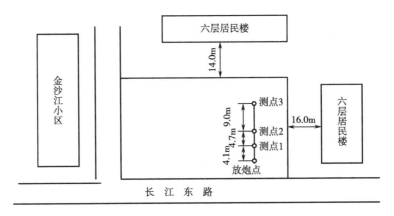

图 2-23　爆破环境及测点布置图

2.4.3
基于小波包理论的爆破振动信号分析

对爆破振动信号进行小波包分析时，在 MATLAB 的小波工具箱中，有多种小波包基可供选择使用。根据实测信号的需要，本次小波包分析选用的是 db8 小波基。

基于爆破振动记录仪的最小工作效率和准确监测爆破振动信号的共同要求，本次对爆破振动信号进行小波包分析时，所采用的爆破振动记录仪的最小工作频率为 5Hz，信号的采样频率为 10000Hz，根据香农（Shannon）采样定理，则其奈奎斯特频率为 $10000\mathrm{Hz} \div 2 = 5000\mathrm{Hz}$。根据小波包分析原理，将爆破实测信号分解到第 8 层，共分成 $2^8 = 256$ 个子频带，相对应的子频带的宽度为 $5000\mathrm{Hz} \div 256 = 19.531\mathrm{Hz}$。下面举例列出部分主要的子频带：$0 \sim 19.531\mathrm{Hz}$，$19.531 \sim 39.062\mathrm{Hz}$，$39.062 \sim 58.593\mathrm{Hz}$，$58.593 \sim 78.124\mathrm{Hz}$，$78.124 \sim 97.655\mathrm{Hz}$，$97.655 \sim 117.186\mathrm{Hz}$，$117.186 \sim 136.717\mathrm{Hz}$，$136.717 \sim 156.248\mathrm{Hz}$，$156.248 \sim 175.779\mathrm{Hz}$，$175.779 \sim 195.310\mathrm{Hz}$，$195.310 \sim 214.841\mathrm{Hz}$，$214.841 \sim 234.372\mathrm{Hz}$，$234.372 \sim 253.903\mathrm{Hz}$，$253.903 \sim 273.434\mathrm{Hz}$，$273.434 \sim 292.965\mathrm{Hz}$，$292.965 \sim 312.496\mathrm{Hz}$，$312.496 \sim 332.027\mathrm{Hz}$。

在青岛经济技术开发区鸿润广场地基爆破开挖工程实测的爆破振动数据中，选取一代表性的实测信号（图 2-24）进行小波包分析，分析后得到不同子频带的主频、能量、发生时间和速度峰值。主要子频带的重构信号图及频谱图见图 2-25～图 2-34。

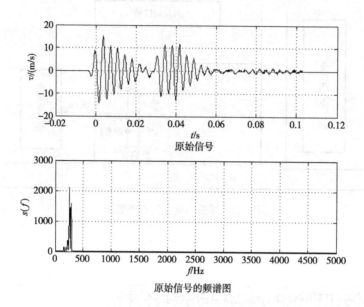

图 2-24　原始信号与其频谱图

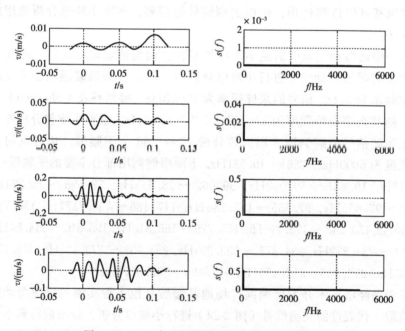

图 2-25　1~4 各子频带的重构信号与其频谱图

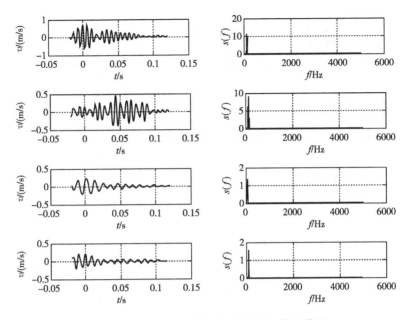

图 2-26 5~8 各子频带的重构信号与其频谱图

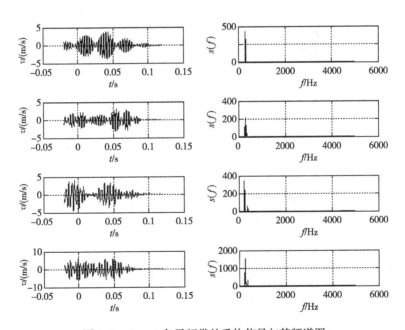

图 2-27 9~12 各子频带的重构信号与其频谱图

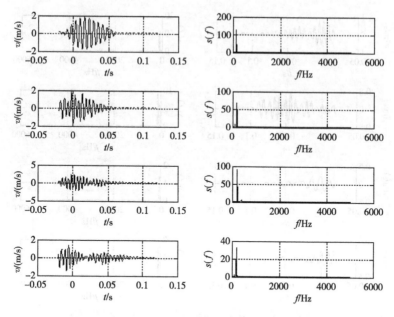

图 2-28 13～16 各子频带的重构信号与其频谱图

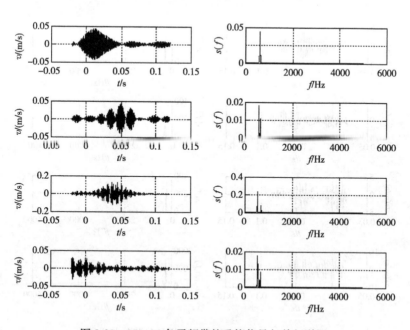

图 2-29 17～20 各子频带的重构信号与其频谱图

浅埋地下爆破振动
预测技术

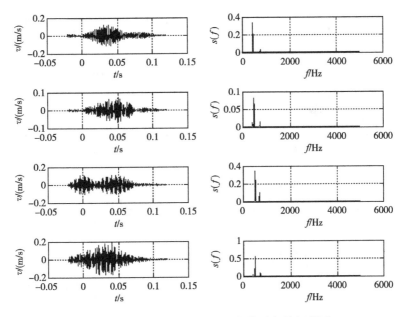

图 2-30　21～24 各子频带的重构信号与其频谱图

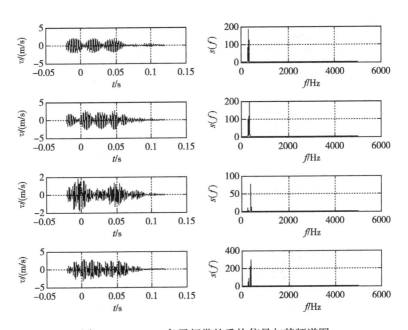

图 2-31　25～28 各子频带的重构信号与其频谱图

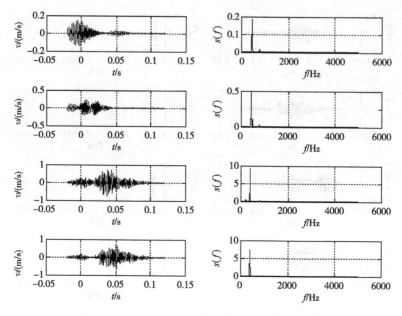

图 2-32   29～32 各子频带的重构信号与其频谱图

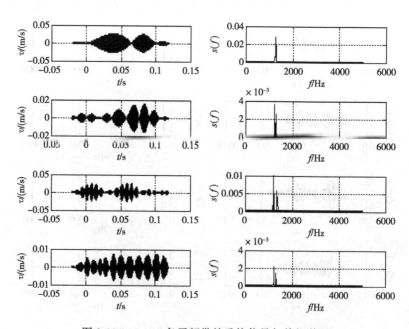

图 2-33   33～36 各子频带的重构信号与其频谱图

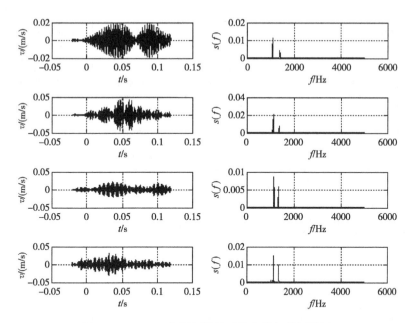

图 2-34　37～40 各子频带的重构信号与其频谱图

为了便于观察分析结果，统计主要子频带的计算结果，见表 2-6。

表 2-6　爆破信号各子频带主频、能量比例及峰值速度表

频带/Hz	主频/Hz	能量比例/%	时间/s	峰值速度/(cm/s)
0～19.531	0	0.0001	0.1029	0.0066
19.531～39.062	28.6	0.0006	0.0168	0.0244
39.062～58.593	57.1	0.0089	0.0623	0.0742
58.593～78.124	71.4	0.0173	0.0115	0.1444
78.124～97.655	85.7	0.0444	−0.0041	0.22
97.655～117.186	107.1	0.0345	−0.0099	0.2096
117.186～136.717	135.6	0.1809	0.0442	0.4709
136.717～156.248	149.9	0.3712	0.0026	0.6721
156.248～175.779	157	3.1015	0.017	1.7822
175.779～195.310	192.7	1.8337	−0.0018	1.7294
195.310～214.841	214.1	0.9946	−0.0082	1.4968

频带/Hz	主频/Hz	能量比例/%	时间/s	峰值速度/(cm/s)
214.841~234.372	221.3	3.0889	0.0029	2.2671
234.372~253.903	235.5	12.6414	−0.0067	4.3732
253.903~273.434	264.1	34.8091	−0.0003	6.1359
273.434~292.965	285.5	7.6874	0.0557	3.0779
292.965~312.496	296.2	12.5036	0.0429	3.7685
312.496~332.027	328.3	5.1261	−0.0091	2.0295
332.027~351.558	335.5	7.1064	0.047	2.6452
351.558~371.089	364	7.6768	0.0022	2.9723
371.089~390.620	371.2	1.8441	−0.0041	1.7678
390.620~410.151	406.9	0.2432	0.0375	0.753
410.151~429.682	414	0.1897	0.0504	0.7164
429.682~449.213	442.5	0.0195	0.0056	0.2113
449.213~468.744	464	0.0083	−0.0049	0.1412
468.744~488.275	471.1	0.0079	0.0351	0.1159
488.275~507.806	499.6	0.0023	0.0511	0.0718
507.806~527.337	513.9	0.0187	0.0415	0.1875
527.337~546.868	535.3	0.0097	−0.0033	0.1074
546.868~566.399	549.6	0.0071	0.0383	0.1209
566.399~585.930	571	0.0004	−0.0193	0.0304
585.930~605.461	592.4	0.0009	0.0495	0.0412
605.461~624.992	621	0.0013	0.0111	0.0415
624.992~644.523	628.1	0.0004	0.0139	0.0198
644.523~664.054	649.5	0.0005	0.0507	0.0275
664.054~683.585	670.9	0.0042	0.0203	0.0866
683.585~703.116	699.5	0.009	0.0331	0.1245
703.116~722.647	720.9	0.0059	0.0043	0.1307
722.647~742.178	732.3	0.0029	0.0019	0.0714

频带/Hz	主频/Hz	能量比例/%	时间/s	峰值速度/(cm/s)
742.178～761.709	742.3	0.0057	0.0083	0.1041
761.709～781.240	763.7	0.0018	0.0364	0.0639
781.240～800.771	785.2	0.0011	−0.0036	0.0537
800.771～820.302	813.7	0.0038	0.0348	0.1085
820.302～839.833	835.1	0.001	0.0284	0.0456
839.833～859.364	849.4	0.0065	0.0092	0.1214
859.364～878.895	877.9	0.0078	−0.0004	0.1297
878.895～898.426	892.2	0.003	0.0328	0.0806
898.426～917.957	913.6	0.0119	0.052	0.1554
917.957～937.488	927.9	0.0076	0.0232	0.1271
937.488～957.019	956.5	0.037	0.0192	0.2865
957.019～976.550	957.9	0.0105	0.0336	0.1285
976.550～996.081	985	0.0241	0.0144	0.2246
996.081～1015.612	999.3	0.0019	0.08	0.056
1015.612～1035.413	1035	0.0033	0.0384	0.0953
1035.413～1054.674	1049.3	0.0018	0.0368	0.0596
1054.674～1074.205	1056.4	0.0005	0.0784	0.0304
1074.205～1093.736	1092.1	0.0007	0.04	0.0319
1093.736～1113.267	1099.2	0.0004	0.0896	0.0195
1113.267～1132.798	1127.8	0.0009	0.048	0.044
1132.798～1152.329	1142	0.0005	0.032	0.0314
1152.329～1171.860	1156.3	0.0004	0.0376	0.0206
1171.860～1191.391	1190	0.0005	0.06	0.026
1191.391～1210.922	1206.3	0.0001	0.0408	0.0074
1210.922～1230.453	1220.6	0.0002	0.0852	0.0159
1230.453～1249.984	1242	0.0009	0.0384	0.0252
1249.984～1269.515	1269.1	0.0002	0.0826	0.0141

频带/Hz	主频/Hz	能量比例/%	时间/s	峰值速度/(cm/s)
1269.515~1289.046	1284.8	0.0005	0.0858	0.0252
1289.046~1308.577	1299.1	0.0002	0.029	0.0164
1308.577~1328.108	1320.5	0.0004	0.0094	0.0277
1328.108~1347.639	1341.9	0.0006	0.0962	0.029
1347.639~1367.170	1349	0.0006	0.0134	0.0308
1367.170~1386.701	1377.6	0.0015	0.0486	0.0513
1386.701~1406.232	1391.9	0.0001	0.007	0.0147
1406.232~1425.763	1416.1	0.0007	0.0918	0.0327
1425.763~1445.294	1434.7	0.0004	0.031	0.0301
1445.294~1464.825	1456.1	0.0013	0.0474	0.0594
1464.825~1484.356	1474.7	0.0018	0.0394	0.0696
1484.356~1503.887	1498.9	0.0006	0.0426	0.0399
1503.887~1523.418	1520.3	0.0015	0.0426	0.0563
1523.418~1542.949	1534.6	0.001	0.0086	0.0583
1542.949~1562.480	1548.9	0.0009	0.015	0.0399
1562.480~1582.011	1577.4	0.0006	−0.0002	0.036
1582.011~1601.542	1591.7	0.0004	−0.013	0.0325
1601.542~1621.073	1613.1	0.0008	0.0206	0.0365
1621.073~1640.604	1627.4	0.0002	0.0338	0.0268
1640.604~1660.135	1641.7	0.0011	0.0686	0.041
1660.135~1679.666	1677.4	0.0009	0.0046	0.0577
1679.666~1699.197	1691.6	0.0005	0.0878	0.0347
1699.197~1718.728	1713.1	0.0004	0.0558	0.0298
1718.728~1738.259	1727.3	0.0001	−0.0034	0.0143
1738.259~1757.790	1748.8	0.0014	0.0804	0.0612
1757.790~1777.320	1763	0.0007	0.0228	0.0342
1777.320~1796.852	1787.3	0.0019	0.0316	0.0782

频带/Hz	主频/Hz	能量比例/%	时间/s	峰值速度/(cm/s)
1796.852～1816.383	1798.7	0.0004	0.0476	0.0258
1816.383～1835.914	1827.3	0.0013	0.0988	0.0525
1835.914～1855.445	1841.5	0.0016	0.066	0.0557
1855.445～1874.976	1848.7	0.0003	0.052	0.0221
1874.976～1894.507	1883	0.0012	0.038	0.0529
1894.507～1914.038	1904.4	0.001	0.0384	0.0426
1914.308～1933.569	1927.2	0.0016	0.0336	0.056
1933.569～1953.100	1948.6	0.002	0.0136	0.0846
1953.100～1972.631	1955.7	0.001	0.0104	0.0414
1972.631～1992.162	1991.4	0.0009	0.0112	0.0461
1992.162～2011.693	2005.7	0.0007	0.0272	0.0394
2011.693～2031.224	2020	0.0005	0.0912	0.0325
2031.224～2050.755	2048.5	0.0014	0.0448	0.0589
2050.755～2070.286	2070	0.0018	0.0864	0.0718
2070.286～2089.817	2080	0.0007	0.001	0.041
2089.817～2109.348	2098.5	0.001	0.0664	0.0543
2109.348～2128.879	2127.1	0.0002	0.0504	0.025
2128.879～2148.410	2141.3	0.0007	0.0168	0.0469
2148.410～2167.941	2155.6	0.0008	0.087	0.0566
2167.941～2187.472	2177	0.0003	0.039	0.0198
2187.472～2207.003	2198.4	0.0003	0.0398	0.0195
2207.003～2226.534	2212.7	0.001	0.0318	0.0517
2226.534～2246.065	2234.1	0.0006	0.027	0.0324
2246.065～2265.596	2255.5	0.0007	0.0656	0.0383
2265.596～2285.127	2269.8	0.0017	0.0304	0.0654
2285.127～2304.658	2298.4	0.0021	0.032	0.07
2304.658～2324.189	2319.8	0.0002	0.003	0.0158

続表

频带/Hz	主频/Hz	能量比例/%	时间/s	峰值速度/(cm/s)
2324.189~2343.72	2326.9	0.0025	0.0924	0.0803
2343.72~2363.251	2362.6	0.0006	0.03	0.0347
2363.251~2382.782	2369.7	0.0014	0.0844	0.053
2382.782~2402.313	2398.3	0.0004	0.056	0.0348
2402.313~2421.844	2412.6	0.0013	0.0426	0.0545
2421.844~2441.375	2429.7	0.002	0.0582	0.0658
2441.375~2460.906	2455.4	0.0011	0.0772	0.0464
2460.906~2480.437	2462.5	0.0008	0.0443	0.0395
2480.437~2499.968	2486.8	0.0017	0.0828	0.0521
2499.968~2519.499	2508.2	0.0004	0.0719	0.0179
2519.499~2539.030	2525.4	0.0008	0.0544	0.0371
2539.030~2558.561	2548.2	0.0004	0.0257	0.0216
2558.561~2578.092	2569.6	0.001	0.0907	0.039
2578.092~2597.623	2583.9	0.0009	0.0235	0.0488
2597.623~2617.154	2605.3	0.0001	0.0051	0.0149
2617.154~2636.685	2633.8	0.0005	0.0209	0.0355
2636.685~2656.216	2641	0.0007	0.0335	0.0343
2656.216~2675.747	2666.7	0.0007	0.0385	0.0473
2675.747~2695.278	2683.8	0.0012	0.0003	0.0664
2695.278~2714.809	2698.1	0.0007	0.0453	0.037
2714.809~2734.300	2733.8	0.0019	0.0115	0.0715
2734.300~2753.871	2748	0.0015	0.0211	0.0687
2753.871~2773.402	2769.5	0.0003	0.0531	0.0301

　　根据上述青岛经济技术开发区鸿润广场地基爆破开挖工程中爆破实测信号的小波包分析结果（图 2-7～图 2-15 和表 2-6），可得到以下结论：

　　① 利用小波包分析的良好的时频局部化性质，同时应用 MATLAB 的小波工具箱、编程对爆破实测信号的能量分布进行小波包分析，得到了不同子频带

上的能量分布特征。该分析信号的主频为 264.1Hz，所占能量的比例为 34.8091%，主频附近的子频带有：214.841～234.372Hz、234.372～253.903Hz、253.903～273.434Hz、273.434～292.965Hz、292.965～312.496Hz、312.496～332.027Hz、332.027～351.558Hz、351.558～371.089Hz、371.089～390.620Hz 等，各子频带所占的能量比例依次为：3.0889%、12.6414%、7.6874%、12.5036%、5.1261%、7.1064%、7.6768%、1.8441%，在频带 214.841～390.620Hz 内的振动信号能量占整个信号能量的 92.4838%。由上可以得出，能量主要集中在主频以及相近的子频带，但是能量呈不均匀状态分布，而且能量数值从零到几千赫兹不等，分布范围很广。

② 通过对爆破实测信号的小波包分析，可以清楚地看出爆破地震波是随机性的瞬态波形，含有多种频率成分，而且各频率成分的差别很大，所以在今后进行建（构）筑物爆破振动响应分析时，应适当考虑信号的多频率成分，不能只考虑主频率的特征。

③ 本次分析信号的速度峰值为 6.1359cm/s，发生的时间为 0.0003s。爆破振动的持续时间很短，爆破地震波的速度峰值一般发生在爆破振动开始的很短时间内，由于本次分析信号的高频成分含量大，所以速度的大小衰减很快。各子频带的速度峰值不是在同一时间出现。

2.5

小结

本章依托青岛经济技术开发区豹窝村水库扩容工程爆破开挖项目和青岛经济技术开发区鸿润广场地基爆破开挖工程为背景，以爆破开挖工程中的实测地震波为研究对象，并利用小波包分析理论，对其进行处理和分析，进一步找出了爆破地震波的特征，为今后浅埋地下爆破地震预测与减灾效应研究提供了着实的依据。主要从以下方面进行研究。

首先，广泛查阅国内外相关资料，首先阐述了地震波产生的机理，探讨了爆破地震波的分类，通过对纵波、横波和面波进行对比，介绍了三者的特点及其对介质质点产生变形的影响。从爆破地震波的分类、爆破地震波的波速与质点振动速度以及爆破地震波的特征三个方面介绍爆破地震波。

其次，以青岛经济技术开发区豹窝村水库扩容工程爆破开挖项目为背景，对爆破产生的地震动效应及对建筑物的影响进行了现场测试，同时还介绍了 IDTS 3850 爆破振动测振仪的工作原理，并且应用与 IDTS 3850 爆破振动测振仪配套的 IDTS 3850 Seismogragh 软件，又结合 MATLAB 中的 FFT，对爆破振动速度进行频谱分析，最后对爆破振动参数进行了统计分析，得出了一些重要结论。

再次，小波变换是一种新的变换分析方法。从数学理论上来讲，小波变换是继傅里叶变换之后纯粹数学和应用数学结合的又一光辉典范，有"数学显微镜"的著称。本章介绍了小波的基本理论，从理论上分析说明了小波分析是一种多尺度的信号分析方法。在分析处理非平稳信号（尤其是突变信号）时，小波分析是一种优于傅里叶变换的有力分析工具。在本章的小波基本理论中，对连续小波变换、离散小波变换、多分辨分析、小波包分析和常用的小波函数进行了详细叙述。并且基于小波包分析理论，利用 MATLAB 编写了一小波包分析程序，为后面基于小波包理论的爆破实测地震波分析提供了扎实的理论基础。

最后，依托青岛经济技术开发区鸿润广场地基爆破开挖工程，对实测爆破地震波进行了小波包分析，得出了一些重要结论。

第3章

爆破地震波对不同结构体系建筑物的震害分析

3.1

爆破地震波的相关参数

爆破地震和天然地震有相似之处，它们对建（构）筑物和人员等造成危害的机理是一致的。振动位移、速度和加速度是衡量爆破振动强度最基本的物理量，然而，大量工程实践表明，结构物和被保护物的破坏不但与爆破振动强度有关，而且还与振动的频率和持续时间有关。爆破引起的岩体介质的振动是一个非常复杂的随机变量，它的振幅、周期和频率都随时间变化而变化。本节从理论上分析爆破振动三要素（振幅、频率和振动持续时间）。

3.1.1
振幅

地震波的振幅在一个完整的波形图中是不相同的，它随时间变化而变化。由于主振相的振幅大、作用时间长，因此，主振相中的最大振幅是表征地震波的主要参数，是振动强度的标志。在爆破振动速度波形图中，每一条波形的最大幅值只表示测点沿着某一方向运动的最大振幅，而实际测点运动的最大振幅是同一测点在同一时刻三个运动分量矢量和中的最大值。若取正交直角坐标系的每一坐标轴为测点的一个运动分量，三个分量任一瞬间的运动幅值可表示为：$u(x, y, z, t)$、$v(x, y, z, t)$、$w(x, y, z, t)$，则测点任一瞬间空间运动的振幅为：

$$R(x, y, z, t) = \sqrt{u^2 + v^2 + w^2} \tag{3-1}$$

由于测点三个分量的最大值一般不在同一时刻发生，所以实际测点运动的最大振幅是各个瞬时空间运动矢量的最大值。在实际工程计算中，根据式（3-1）计算比较麻烦，然而在多次爆破现场测试中发现，垂直方向的质点速度较水平切向和水平径向的大，因此通常采用垂向质点振动速度来衡量爆破振动强度。

下面列出几种关于爆破地震波质点振幅与振动强度的经验公式。

① 苏联根据地震波的观测资料，得出以下经验公式：

$$\lg W = f(r) + b\lg(A) \qquad (3\text{-}2)$$

式中　W——爆炸当量；

　　　A——地震波地面位移最大幅值；

　　$f(r)$——与距离 b 有关的函数，b 为 1 至 2 之间的数。

②美国矿务局[116]根据地震波观测资料，得出测点处地表质点振动速度（in/s，1in=0.0254m）的经验公式：

$$V = H\,[R/\sqrt{Q}\,]^{-\beta} \qquad (3\text{-}3)$$

式中　R——测点到爆源的距离，ft（1ft=0.3048m）；

　　　Q——最大分段装药量，lb（1lb=0.4536kg）；

$H，\beta$——与场地有关的参数，$H = 0.675 \sim 4.04$，$\beta = 1.083 \sim 2.346$。

③萨道夫斯基公式：

$$V = K\,(Q^{\beta}/R)^{\alpha} \qquad (3\text{-}4)$$

式中　V——测点处的地表质点振动速度，cm/s；

　　　Q——一次起爆中最大单响的炸药量，kg；

$K，\alpha$——和传播介质有关的系数；

　　　β——与装药结构方式有关的系数，集中装药取 1/3，柱装药取 1/2。

由上面的经验公式可知，地震波在传播过程中随着传播距离的增加其幅值强度逐渐降低。

3.1.2

频率

通常用最大振幅所对应的一个波的周期 T 作为地震波的参数，频率 f 的数值大小为周期 T 的倒数，即 $f=1/T$。由于地震波明显的瞬态振动特征为一频域较宽的随机信号，用频谱分析方法可描述其频率特征。频谱分析可以运用反应谱、功率谱和傅里叶变换红外光谱来表示。反应谱是工程领域中最常用的表示形式，现已成为结构抗震设计的基础。功率谱和傅里叶变换红外光谱在数学领域中应用较为广泛。

在爆破地震波传播过程中，地震波的能量要发生衰减，刚开始迅速衰减，随后衰减变慢。不同频率的能量衰减不同，高频成分的能量衰减大于低频成分，因而，在较远传播距离上，低频成分的能量对建（构）筑物的破坏起主要作用。

炸药爆破反应的历时越长，爆轰气体膨胀做功能量越大，药室内正、负压作用时间都延长，因而，激发的地震波频率就越低。由测试结果可知：对于不同爆破介质的频谱，强度高、密度大的介质，爆破振动频率相对较高。

不同的频率成分对结构、设备和人员的影响有着显著的差别。爆破地震波包含一个或几个主要的频率成分，这些频率成分对结构物的影响尤其显著。在结构分析中，结构体包含各种不同固有频率的结构或子结构，尤其要重视低频部分的成分波。但也不能忽视高频波的作用，因为有时高频波也在结构分析中起重要作用。

频率在建（构）筑物的结构动力响应中起非常重要的作用。当地表的振动频率与建筑物的自振频率接近时，出现共振现象，建（构）筑物的振幅达到最大值，此时爆破地震对建（构）筑物造成较大的破坏作用。国内外众多测试资料表明：共振对建（构）筑物造成的破坏作用比爆破地震波其他参数造成的破坏严重得多。

3.1.3
振动持续时间

爆破地震波的振动持续时间是指测点振动从开始到全部停止的时间，它是振动衰减快慢的标志。

与天然地震持续时间相比，爆破振动持续时间较短，在几百毫秒与几秒之间。影响爆破振动持续时间的主要因素为雷管段数，其次为总药量。此外，记录到的测点振动持续时间还受所用测试仪器灵敏度的影响：对于同一测点，若使用的仪器灵敏度高，则测得的振动持续时间就长，反之，测得的振动持续时间就短。在工程领域中，通常把测点从开始振动到振动波振幅减小到最大值的1/3时刻的这一段时间作为相对振动持续时间[30]。

对于毫秒级的爆破振动而言，持续时间短，结构破坏过程尚未完成强震已终止，只要质点振幅没有超过建筑物允许的最大值，一般来说是安全的，不用考虑持续时间对建筑物结构响应的影响；但是对于达到几秒的爆破，就需要特别注意：从结构振动破坏的机理分析，结构从局部破坏到倒塌一般需要经过从一次到多次的往复振动过程。强震势能能量大，持续时间长，在强震初期结构反应超过弹性阶段后出现局部破坏，地震波对结构长时间的连续动力作用会导致建筑物的疲劳损伤，后续振动使这些局部破坏进一步扩展，振动后期建筑物遭到严重破坏甚至倒塌。爆破地震波的持续时间越长，爆破地震波产生的应力对建筑物的作用时间就越长，因此建筑物破坏越严重，这就是通常所说的累积效应。

爆破振动持续时间对建筑物的危害作用主要表现在结构反应进入非线性之后。它主要表现在以下几点：①对于线性体系，强震持续时间的增加将使地震动与结构反应出现较大值的概率明显提高；②对于无退化的非线性体系，振动持续时间使出现较大永久变形的概率提高；③对于强退化的非线性体系，振动持续时间对最大变形的影响很大。

由以上论述可知，鉴于雷管段数和总药量是振动持续时间的主要影响因素，在工程实践中，特别是在爆破周围环境非常复杂的情况下，安全施工的重要措施之一为：根据需要，增加或减少炸药爆炸的持续时间，采用不同的策略，严格控制雷管段数和总药量。

以上内容分析介绍了爆破三要素（振幅、频率和振动持续时间）及其在振动危害中所起的作用。实际上，这三个要素在爆破振动危害过程中并不是独立对建筑物起作用的，而是同时作用于结构物被损伤破坏的全过程。

3.2
爆破地震波对不同结构
体系建筑物的震害分析

建筑物的破坏不仅取决于爆破地震波的特征，还与建筑物的形式、几何尺寸、构造、质量等因素有关。爆破对不同爆心距处的建筑物造成的破坏是不同的：在爆破近区，爆破地震波对建筑物会造成高频冲击、波动破坏；在爆破中远区，爆破地震波对建筑物又会造成类似天然地震的振动破坏。建筑物震害程度和特征的差异，主要是由于地震动特性与建筑物的构造及动力特性关系不同。

要对爆破振动对建筑物的危害进行有效控制，必须了解被保护建筑物的爆破振动破坏机制。爆破地震波对结构的影响可分为力效应（惯性效应）和应力效应（应变效应）两种类型[31]。爆破地震波的力效应表现为：作用在结构上的压力与拉力，以特殊的形式表现出来，在土岩介质中传播的爆炸应力波通过结构基础传递到结构体，应力波发生反射、折射与绕射，进而产生拉应力波。爆破地震波的应力效应表现为：波从土岩介质中传递到结构体基础，引起结构基础变形，进而从基础传递到整个结构体。爆破地震波对地下或埋置结构的作用是直接从结构体周围传递到结构体，结构体的运动与土岩介质体的运动类似。应力效应和应变效应是描述地震波作用两种不同的等效方式。下面介绍几种不同结构体系建筑物的震害分析。

3.2.1
多层砌体房屋

在我国，多层砌体房屋是当前建筑业中使用广泛的一种建筑形式，在民用住宅建筑中约占90%。在今后一定时间内，砌体结构仍将是城乡建设中一种主要的结构形式。

这里所述的多层砌体房屋是指由黏土砖、粉煤灰中型实心砌块和混凝土小、中型砌块砌体承重的多层房屋。在一般砌体结构中，砌块之间采用砂浆砌筑，并通过内外墙的咬砌达到一定的整体连接，楼板多采用预制钢筋混凝土空心板，梁和其他构件多采用预制装配构件，这种连接和构件组成的特点使得整个砌体结构具有脆性性质。砌体的抗剪、抗拉和抗弯的强度都很低。

3.2.1.1　多层砌体房屋的震害分析

对于不同爆心距处的多层砌体房屋，它们的动力响应程度和特点也不同。

在爆破近区，砌体房屋所受的地震作用一般由爆炸冲击波、爆炸应力波综合引起。在结构物底土中传播的爆炸应力波撞到房屋结构的基础后便进入砖石砌体，在建筑物表面以及门窗、烟囱或其他空口处，发生反射、折射或绕射，于是在砌体中产生拉力波，进而造成砌体抹灰层的开裂、脱落以及拐角处出现裂缝。

在爆破中远区，根据地震波传播的特点可知，爆破振动的水平作用大于竖向作用，同时砌体房屋又受低频地震波的作用。由于地震波的主振频率接近房屋结构的自振频率，易产生共振，此时与波传播方向并行的墙体将会受到较大的剪切破坏，出现斜裂缝，结构将产生局部或整体的振动效应。在地震波的反复作用下，则形成交叉裂缝。由于多层砌体房屋的墙体下部地震剪力较大，因而底层的交叉裂缝比上层更严重。

3.2.1.2　多层砌体房屋的破坏敏感部位

众多研究资料表明，多层砌体房屋的破坏敏感部位多表现为以下几点。

① 房屋附属构件的破坏。房屋附属构件的破坏又分为室内附属构件（如吊灯、室内装饰物等）的脱落和突出屋面附属构件（如女儿墙、烟囱等）的裂缝及倒塌破坏。

② 横墙、纵墙墙面出现斜裂缝、交叉裂缝、水平裂缝，严重者则呈现出倾斜、错动和倒塌现象。在多层砌体房屋中，由于底层墙体受到的地震剪力较大，一般情况是底层墙体裂缝破坏更为严重。

③ 房屋应力集中处易发生裂缝、拉托破坏，严重者则出现倒塌现象。如房屋四角和纵横墙连接处。

④ 楼梯间的破坏。主要是楼梯间墙体的破坏。若楼梯间设在房屋的端部或转角处，由于房屋扭转对其影响很大，破坏就更严重。

3.2.2
多层内框架混合结构房屋

多层内框架混合结构房屋是指四周外墙为承重砖墙，内部为钢筋混凝土梁柱承重的混合结构房屋。与普通多层砌体房屋相比，该种结构能提供较大的内部使用空间，以满足使用上的要求；与钢筋混凝土框架结构相比，该种结构省去了钢筋混凝土外柱，带来了一定的经济效果。此外，该种结构的工程造价也相对较低。因此，多层内框架混合结构房屋在工业和公共建筑（如办公楼）中应用较为广泛。

3.2.2.1　多层内框架混合结构房屋的震害分析

对于不同爆心距处的多层内框架混合结构房屋，它们的动力响应程度和特点也不同。

在爆破近区，多层内框架混合结构房屋的受震害机理与多层砌体房屋类似。该种结构所受的地震作用一般由爆炸冲击波、爆炸应力波综合引起。在结构物底土中传播的爆炸应力波撞到房屋结构的基础后便进入混合结构房屋，在建筑物表面以及门窗、烟囱或其他空口处，发生反射、折射或绕射，于是在房屋中产生拉力波，进而造成四周墙体和梁柱抹灰层的开裂、脱落以及拐角处出现裂缝。

在爆破中远区，根据地震波传播的特点可知，爆破振动的水平作用大于竖向作用。水平作用力主要按抗侧力构件刚度分配，由于砖砌体和钢筋混凝土两种材料的动力特性及其所组成构件的刚度相差较大，承重墙的刚度大于框架的刚度，在框架中，外纵墙的刚度也比钢筋混凝土内柱的刚度大，所以振动时很不协调，水平作用力绝大部分由横墙和外纵墙承担，钢筋混凝土内柱只承担较小的力。此外，该种结构房屋的内部比较空旷，缺少横墙连续，房屋刚度较差，因此多层内框架房屋的震害比多层砌体和钢筋混凝土全框架结构更为严重，而且一般是房屋上面几层破坏比下层更严重。

3.2.2.2 多层内框架混合结构房屋的破坏敏感部位

众多研究资料表明，多层内框架混合结构房屋的破坏敏感部位多表现为以下几点。

（1）纵墙的破坏

顶层外纵墙是内框架房屋最薄弱的环节，其次是底层横墙。遭受水平作用时，由于内框架房屋横墙间距大，楼盖和屋盖的水平侧移刚度较低，将其承受的水平作用力很大一部分传给纵墙，使纵墙因平面外弯曲出现水平裂缝，且上层比下层严重，砖砌体局部压碎崩落。

（2）承重横墙的破坏

承重横墙是内框架结构的主要横向抗侧力构件，其刚度比框架梁、柱大得多，再加上数量少，因而集中了过大的地震剪力，但由于其抗剪强度不足，易于破坏。

（3）内框架柱、梁的破坏

内柱由于受爆破地震作用，在弯矩较大的柱顶和柱子底部产生水平裂缝，严重时混凝土崩落。钢筋混凝土梁在靠近支座处产生竖向裂缝或斜裂缝。

（4）内填充墙及外墙角的破坏

若内填充墙与柱间无拉结措施，当受到爆破地震作用时，墙顶梁底、墙与柱之间产生斜裂缝或交叉裂缝，严重时墙角局部倒塌。

3.2.3
单层工业厂房

单层工业厂房包括单层钢筋混凝土柱厂房、单层砖柱厂房和单层钢结构厂房等结构类型。下面以单层钢筋混凝土柱厂房为例，对其进行震害分析。

单层钢筋混凝土柱厂房是工业建筑中普遍采用的装配式单层钢筋混凝土厂房，厂房内多设置桥式吊车。单层钢筋混凝土柱厂房通常是由钢筋混凝土柱、钢筋混凝土屋架或钢屋架以及钢筋混凝土屋盖组成的装配式结构。该种结构的特点是屋盖较重、空间大、横墙很少、整体性较差，因此纵横墙的抗震能力都较差。由于用途不同，厂房的跨度、跨数、柱距以及轨顶标高等方面的变化都较大，结构复杂多变，因此单层工业厂房的震害反应比较复杂。

3.2.3.1　单层工业厂房的震害分析

对于不同爆心距处的单层工业厂房，它们的动力响应程度和特点也不同。

在爆破近区，爆破地震波在结构底土中沿纵向传播，由于该种结构空间大，横墙很少，纵横墙抗震能力很差，此外，砖砌体和钢筋混凝土两种材料的动力特性及其所组成构件的刚度相差较大，因而厂房基础各点就会产生相位差，基础自身各点产生大小不等的应力，且随着地震波振幅的变化而变化。

在爆破中远区，根据地震波传播的特点可知，爆破振动的水平作用大于竖向作用。在水平爆破地震作用下，由于单层工业厂房的纵向抗震能力较差，以及构件连接处构造单薄、支撑体系较弱、构件若干截面强度等薄弱环节，所以主体结构会出现不同程度的破坏。此外，爆破中远区的单层工业厂房又受低频地震波的作用，由于地震波的主振频率接近厂房的自振频率，易产生共振。多次现场观测研究表明：共振对这种工业厂房结构的影响比其他建筑更明显，使得厂房震害加重，出现天窗架倾倒，支撑系统中出现杆件压曲或节点拉脱，一些重屋盖厂房屋盖塌落。

3.2.3.2　单层工业厂房的破坏敏感部位

众多研究资料表明，单层工业厂房的破坏敏感部位多表现为以下几点。

（1）屋盖体系的破坏

由于屋盖水平地震作用最后集中在柱间支撑，若该开间未设屋盖上弦水平支撑，地震力由屋面板集中传递，造成屋面板与屋架连接破坏，出现屋面板大量开裂、错位和屋架倾斜，甚至发生屋盖大面积倒塌。

（2）天窗架的破坏

由于天窗架侧移刚度比厂房柱刚度小得多，而且天窗架凸出厂房屋面、屋盖重量大、重心高、刚度突变，当厂房处于爆破中远区时，水平地震作用表现明显，一旦支撑破坏退出工作，地震作用全部由天窗架承受，在天窗架立柱与侧板连接处出现混凝土开裂，裂缝逐渐贯穿全截面，严重者天窗架在立柱底部折断倒塌，并引起厂房倒塌。

（3）柱的破坏

① 由于上柱直接承受屋盖传来的地震力，而上柱根部是应力集中的部位；

对于高低跨厂房的中柱，当受到水平地震作用时，会产生较大弯矩，致使上柱根部或吊车梁处出现水平裂缝，严重者上柱折断。

② 由于高低跨厂房受到地震作用后，高低两个屋盖产生水平裂缝，使柱牛腿的地震水平力增大，致使中柱竖向开裂。

③ 实腹柱下柱由于弯矩和剪力过大，强度不足，在柱根附近易产生水平裂缝，严重者出现错位及至折断。

由于厂房平面布置不利于抗震，使厂房沿纵向或横向的刚度中心与质量中心不在同一点，致使厂房四角的柱子震害加重。

（4）支撑系统的破坏

支撑系统受到地震作用后，由于支撑间距过大、杆件刚度偏弱、强度偏低、支撑发生杆件压曲、部分节点扭折等现象，个别杆件甚至拉断，致使支撑部分失效或完全失效后，造成主体结构错位或倾倒。有时也会因为柱间支撑的刚度较强，支撑间距过大使得地震作用过度集中于设置柱间支撑的柱子，导致柱身切断。在厂房整个支撑系统中，以天窗架垂直支撑的震害最为严重，其次是屋盖垂直支撑和柱间支撑。

（5）围护墙的破坏

由于砖墙与屋盖和柱子拉结不牢，受到地震作用后，最初厂房围护墙破坏轻微，随着爆破地震波的重复循环作用，破坏逐渐严重。一般山墙面积大，与主体结构连接少，山尖部位高，动力反应大，在爆破地震中往往破坏较早、较重。纵墙一般先从檐口开始脱离主体破坏，而后整个墙体产生水平裂缝，严重者连同圈梁一起大面积倒塌。高低跨厂房高跨的封墙易外闪、倒塌，往往会把低跨屋盖结构和厂房内的设备砸坏，有时还会造成严重的次生灾害。

除此之外，若厂房主体与相连的附属车间之间未设抗震缝，或者抗震缝宽度不足时，山厂振动的不一致而产生碰撞，致使附属车间倾斜，严重时导致附属车间倒塌。

3.2.4

高耸结构

高耸结构一般是指水塔、烟囱、发射塔、电视塔、矿井架、微波塔及大气污染监测塔等构筑物。它们的共同特点是结构的高宽比较大，属于柔性结构，在爆破振动作用下容易引起破坏。下面以水塔和烟囱为例，对其进行震害分析。

烟囱通常为截锥形，上小下大，是一种典型的筒式高耸结构，常用的有砖烟囱和钢筋混凝土烟囱两种类型。砖烟囱的筒身坡度一般在 2%～3% 之间，钢筋混凝土烟囱的筒身坡度一般在 1.5%～2% 之间。筒身的水平截面多为圆环形，少数为方形。筒壁厚度通常自上而下分段加厚，砖烟囱顶部厚度一般不小于 220mm，钢筋混凝土烟囱厚度一般不小于 120mm。砖烟囱内衬通常根据烟气的温度来设置，一般支撑于分段筒壁伸出的内环支托上。

水塔与烟囱的结构相似，主要由水柜、支撑结构及基础三部分组成，分为砖水塔和钢筋混凝土水塔两种类型。

3.2.4.1　高耸结构的震害分析

对于不同爆心距处的筒式高耸建筑，它们的动力响应程度和特点不同。相同爆破心距处的砖结构筒式高耸建筑与钢筋混凝土筒式高耸建筑，它们的动力响应程度也不同。

在爆破近区，根据爆破地震波的传播特点可知，爆破振动的竖向作用大于水平作用。在这种情况下，结构的动力响应与场地有很大关系。由于软土地基的卓越周期较长，与高耸结构的自振周期接近，容易引起共振，并且，软土地基对爆破地震效应有明显的放大作用。多次现场观测发现：塌落或掉头的烟囱大多数都散落在基础附近。由于水塔的主要荷载集中于上部的水柜上，好像是一个倒摆，动力响应比烟囱严重。

在爆破中远区，由地震波传播的特点可知，爆破振动的水平作用大于竖向作用。随着地震波的重复循环作用，砖结构烟囱和砖结构水塔破坏逐渐严重，顶部偏移变大，破坏部位下移，底部受到的应力变大。钢筋混凝土结构的烟囱和水塔的破坏特点与砖结构类似，烟囱最大的破坏发生在顶部，水塔最大破坏部位发生在底部，钢筋混凝土高耸结构的抗震性能较好。

总而言之，由于砖结构高耸结构使用的是脆性材料，导致其抗弯、抗剪的能力较差，遭到较大强度的振动作用时容易出现拉力过大，出现裂缝，而钢筋混凝土高耸结构的抗震性较好。

3.2.4.2　高耸结构的破坏敏感部位

众多研究资料表明，筒式高耸结构的破坏敏感部位多表现为以下几点。

（1）砖烟囱的破坏

震害调查表明，砖烟囱特别是无筋砖烟囱是一种极易遭受爆破地震破坏的高耸结构。砖烟囱内衬一般支撑于分段筒壁伸出的内环支托上，其爆破地震作用由筒壁承担。受到爆破地震作用后，最初砖烟囱产生裂缝，裂缝形式包括水平裂缝、斜裂缝和竖向裂缝三种。随着爆破地震波的重复循环作用，烟囱开裂，并有筒身出现环形水平裂缝和掉头等现象。砖烟囱主要破坏截面一般在高度的 0.4～0.6 以上。随着爆破地震强度的增大，主要破坏截面向下移动，直到最后一塌到底。砖烟囱的掉头和塌落部分大多散落在距烟囱筒身边缘 7～15m 范围以内。

（2）钢筋混凝土烟囱的破坏

震害调查表明，钢筋混凝土烟囱的震害一般比砖烟囱轻。受到爆破地震作用后，最初钢筋混凝土烟囱轻微开裂，随着爆破地震波的重复循环作用，钢筋混凝土烟囱会出现不同程度的破坏，破坏形式主要有开裂、倾斜、折断和倒塌等。钢筋混凝土开裂时，主要开裂截面一般偏于烟囱的中下部；折断破坏时，主要破坏截面一般在烟囱的中上部。与砖烟囱类似，钢筋混凝土烟囱的掉头和塌落部分大多散落在距烟囱筒身边缘 7～15m 范围以内。

（3）砖结构支撑水塔

由水塔的组成结构可知，主要荷载集中在上部的水柜上，震害调查表明，其震害主要发生在支撑上。砖结构支撑的水塔抗震性能很差，极易遭受爆破地震破坏。受到爆破地震作用后，该种结构的水塔易出现裂缝，裂缝形式主要包括斜裂缝和环形裂缝两种。随着爆破地震波的重复循环作用，水塔破坏逐渐严重。破坏部位主要在水柜底部连系梁与砖柱的连接处、柱根底部和门窗洞口处。

（4）钢筋混凝土结构支撑水塔

钢筋混凝土结构支撑的水塔抗震性能较好。震害调查表明，钢筋混凝土结构支撑水塔的震害一般比砖结构支撑水塔轻。在爆破振动初期，钢筋混凝土支撑水塔破坏的不多。随着爆破地震波的重复循环作用，在梁柱节点处及其周围易发生破坏，梁柱常出现斜裂缝和竖向裂缝，水柜底横梁常发生水平断裂等。一般情况下，钢筋混凝土结构支撑的水塔在遭受爆破地震作用后，经加固可以继续使用。

综上所述，针对不同结构体系建筑物的特点，在爆破施工过程中，爆破工作者尤其需要注意爆破区附近出现裂缝的建筑物，找出裂缝的部位和裂缝的尺寸。在设计施工时，首先要严格控制最大一次起爆药量，确保一次起爆药量不至于引起较大的振幅，然后要注意爆区土岩介质对地震波的作用效应，尽量避免共振和地震波的累积作用对建筑物造成破坏。

3.3

小结

爆炸激励的不确定性、难估性以及传播介质的复杂性，导致了爆破引起的岩体介质振动是一个非常复杂的随机变量，因此很难用数学分析方法和微分方程表示出其确定性规律。爆破地震和天然地震有相似之处，它们对建（构）筑物和人员等造成危害的机理是一致的。本章主要介绍爆破地震波的三要素以及地震波对不同结构体系建筑物的动力影响分析。

① 本章首先分析了爆破三要素（即振幅、频率和振动持续时间）及其在危害中所起的作用。实际上，在爆破振动危害过程中，这三个要素并不是独立对建筑物起作用的，而是同时作用于结构被损伤破坏的全过程。

② 其次详细阐述了不同结构体系建筑物（多层砌体房屋、多层内框架混合结构房屋、单层工业厂房及高耸结构）的组成结构、震害特点和破坏敏感部位等，为爆破设计和爆破安全施工提供了理论基础。

第4章

爆破振动能量的小波分析

爆破引起的地表振动对建筑物造成破坏的一个重要因素是该次地振动中输入建筑物中的振动能量大于建筑物本身储存的能量。在爆破振动的整个过程中，输入建筑物的能量是随爆破地震运动时程变化的，因此地震运动的时程能量是爆破动力响应分析的一个重要参考因素。为了更好地进行爆破动力分析，引入各种假设和理想化条件，建立了数学模型，通过分析、计算，阐述爆破地震作用下建筑物的动力响应。本章从结构体系出发，基于小波理论的基本原理，利用小波的时频局部特性好这一最主要特点，对输入建筑物的爆破振动能量在时域和频域进行分析，同时又对时程能量信号进行局部化分析，从而为爆破地震对建筑物造成的影响提供理论依据。

4.1
单自由度体系分析

由于实际结构的质量是连续分布的，因此大多数实际结构都具有无限多个自由度。但如果所有结构都按无限自由度计算，不仅十分困难，而且也没有必要。因此，通常需要对计算方法进行简化。单自由度系统是最简单的离散振动系统，由于无限自由度体系与单自由度体系在分析方法上是相同的，下面就以单自由度体系对振动问题进行分析。

4.1.1
基本假定

为建立爆破振动荷载作用下的单自由度体系运动方程，做以下假定：
① 整个爆破振动过程是一个平稳随机过程，整个振动系统是线性不变系统；
② 地面运动水平加速度记录代表地震时地面运动过程；
③ 地基为一刚性体，各点的水平运动完全一致；
④ 结构是弹性体系，爆破地震时，地面水平运动带动建筑物基础一起运动。

4.1.2
单自由度系统方程

根据以往的研究，在振动荷载作用下，决定结构物运动的基本特征是：主要部件的质量、主要部件的刚度以及连接部件处消耗的能量。单自由度体系的力学模型如图 4-1 所示。

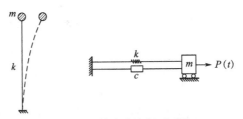

图 4-1　单自由度振动系统

在上述模型中，质量 m 仅表示结构的惯性特性；弹簧 k 仅表示结构的刚度；阻尼器 c 仅表示结构的能量耗散；用 x、$\dot{x}$、$\ddot{x}$ 分别表示结构相对地面的位移、速度和加速度；t 为时间，$P(t)$ 为激励力。结构受到的力包括：激励力、阻尼力、惯性力和弹性恢复力。

激励力：即外荷载，大小为 $P(t)$。

阻尼力：阻尼力使结构的振动逐渐衰减，大小为 $c\dot{x}$。

惯性力：大小为 $m\ddot{x}$。

弹性恢复力：使质点从振动位置恢复到平衡位置的力，大小为 kx。

在动荷载作用下，该体系的响应规律必然与结构的质量、刚度和阻尼特性有关，体系的物理参数模型（即振动微分方程）为：

$$m\ddot{x} + c\dot{x} + kx = P(t) \qquad (4\text{-}1)$$

当 $P(t) = 0$ 时，体系的振动为自由振动，体系的运动方程变为：

$$m\ddot{x} + c\dot{x} + kx = 0 \qquad (4\text{-}2)$$

引入：衰减系数 σ，$\sigma = \dfrac{c}{2m}$；结构无阻尼固有频率 ω_0，$\omega_0 = \sqrt{\dfrac{k}{m}}$。将这两个参数代入式（4-2）得：

$$\ddot{x} + 2\sigma\dot{x} + \omega_0^2 x = 0 \qquad (4\text{-}3)$$

引入：阻尼比 ζ，$\zeta = \dfrac{\sigma}{\omega_0} = \dfrac{c}{2m\omega_0} = \dfrac{c}{2\sqrt{mk}}$，当 $\zeta > 1$ 时，为过阻尼，系

统不产生振动；当 $\zeta = 1$ 时，为临界阻尼；当 $\zeta < 1$ 时，为欠阻尼，系统产生振动。今后讨论的阻尼都是欠阻尼情形。将 ζ 代入式（4-3）得：

$$\ddot{x} + 2\zeta\omega_0\dot{x} + \omega_0^2 x = 0 \tag{4-4}$$

设式（4-4）的特征值为 λ，解式（4-4）得：

$$\lambda_{1,2} = -\omega\zeta \pm i\omega\sqrt{1-\zeta^2} = -\omega\zeta \pm \omega_d \tag{4-5}$$

式中，ω_d 为阻尼固有频率。在实际结构中，ω 和 ω_d 的差别是很小的。

式（4-2）的通解为：

$$x = A e^{-\alpha}\sin(\omega_d t + \theta) \tag{4-6}$$

式中，A 为最大振幅；θ 为初相位。当初始条件 $t = 0$ 时，

$$A = \sqrt{x_0^2 + \left(\frac{x_0 + \sigma\dot{x}_0}{\omega_d}\right)^2}, \quad \theta = \arctan\frac{x_0\omega_d}{x_0 + \sigma\dot{x}_0}$$

x 为结构体系在自由振动作用下的结构响应。

结构在动荷载作用下的振动称为强迫振动或受迫振动。下面探讨单自由度体系在爆破振动荷载下的受迫振动。

在爆破动荷载作用下，设地面的加速度为 $\ddot{x}_g(t)$，则单自由度体系的受迫运动方程为：

$$\ddot{x}(t) + 2\zeta\omega\dot{x}(t) + \omega^2 x(t) = -\ddot{x}_g(t) \tag{4-7}$$

整个爆破振动加载过程可看作由一系列瞬时冲量所组成。设在 $t = \tau (t > \tau)$ 时开始作用，脉冲荷载为 $-m\ddot{x}_g(t)$。根据冲量定理，体系上质点的冲量等于动量的变化，此处可表示为：

$$mv = -m\ddot{x}_g(\tau)\mathrm{d}\tau \tag{4-8}$$

所以，

$$v = \dot{x}(t) = -\ddot{x}_g(\tau)\mathrm{d}\tau \tag{4-9}$$

在 $\mathrm{d}\tau$ 时间间隔内，由该冲量引起的动力反应：

$$\mathrm{d}x(t) = -\frac{\ddot{x}_g(\tau)\mathrm{d}\tau}{\omega_d}\sin\omega_d(t-\tau) \tag{4-10}$$

对加载过程中产生的所有微分反应进行叠加，即对式（4-10）进行积分得出总反应式如下：

$$x(t) = -\frac{1}{\omega_d}\int_0^t \ddot{x}_g(\tau)\sin\omega_d(t-\tau)\,\mathrm{d}\tau \tag{4-11}$$

式中，$x(t)$ 为结构体系在爆破振动荷载作用下的位移。

将式（4-11）对 t 进行微分一次得到结构体系在爆破振动荷载作用下的速度，对 t 进行微分两次得到爆破振动荷载作用下的加速度。

4.2
基于小波分析的单自由度
爆破振动能量反应

爆破振动信号是一种典型的非平稳随机信号，它的非平稳性同时表现在时域和频域内。在爆破振动过程中，建筑物同时受爆破振动信号在时域和频域随机特性的双重影响，因此在对建筑物进行动力影响分析时，应当从振动信号的时频两域进行综合考虑，避免仅在时域或频域单一方面分析的片面性。小波分析的最根本特点是时频局部性好，符合分析爆破地震动的要求。本节利用小波的基本理论，结合单自由度体系的运动特点，推导单自由度体系在小波基下的能量反应公式，进行爆破地震反应分析。

4.2.1
爆破振动作用后结构的小波模型

设 $x(t)$ 为爆破振动作用后结构相对于地面的位移，$W_\Psi x(a, b)$ 为 $x(t)$ 的小波变换，根据小波变换的定义，即式（2-5）得：

$$W_\Psi x(a, b) = \int_{-\infty}^{\infty} x(t) \Psi^*_{a,b}(t) \mathrm{d}t \qquad a > 0 \qquad (4-12)$$

式中，$\Psi^*_{a,b}(t)$ 为 $\Psi_{a,b}(t)$ 的共轭。

根据小波变换的反演公式，即式（2-24）得：

$$x(t) = \frac{1}{c_\Psi} \int_{-\infty}^{+\infty} \int_R \frac{1}{a^2} (W_\Psi x)(a, b) \Psi_{a,b}(t) \mathrm{d}b \mathrm{d}a \qquad (4-13)$$

式中，参数 a, b 分别使小波变换具有可变的频率分辨率和时间分辨率；

$c_\Psi = \int_R \frac{|\bar{\Psi}(\omega)|^2}{\omega} \mathrm{d}\omega$，其中，$\bar{\Psi}(\omega)$ 是 $\Psi(t)$ 的傅里叶变换，由傅里叶变换公式得到：

$$\bar{\Psi}(\omega) = \int_{-\infty}^{\infty} \Psi(t) \mathrm{e}^{-i\omega t} \mathrm{d}t \qquad (4-14)$$

在实际应用中，为方便计算，通常使用一种更为简便的离散小波变换形式，即二进小波变换。对式（4-13）中的参数 a，b 进行离散得到：

$$a_j = 2^j, \ b_i = i \, \Delta b \tag{4-15a}$$

$$\Delta a_j = a_{j+1} - a_j = \frac{1}{2} a_j \tag{4-15b}$$

$$\Delta b_i = b_i - b_{i-1} = \Delta b \tag{4-15c}$$

即式（4-13）的离散式变为：

$$x(t) = \frac{1}{a_j} \sum_i \sum_j K \Delta b (W_\Psi x)(a_j, b_i) \Psi_{a_j, b_i}(t) \tag{4-16}$$

式中，$K = \dfrac{1}{2c_\Psi}$。

同理，在爆破振动过程中，设地面的加速度为 $Z(t)$，其中，$Z(t) = -\ddot{x}_g(t)$，爆破地震地面运动的小波模型可以表示为：

$$Z(t) = \frac{1}{a_j} \sum_i \sum_j K \Delta b (W_\Psi Z)(a_j, b_i) \Psi_{a_j, b_i}(t) \tag{4-17}$$

4.2.2
基于小波分析的单自由度爆破振动能量反应

假设结构简化成单自由度体系后的固有频率为 ω_0，阻尼系数为 ζ，该体系在爆破振动地面加速度 $Z(t)$ 的作用下，如式（4-7）分析，体系的运动方程可表示为：

$$\ddot{x} + 2\zeta \omega_0 \dot{x} + \omega_0^2 x = Z(t) \tag{4-18}$$

把式（4-16）和式（4-17）代入式（4-18），整理得：

$$\sum_i \sum_j \frac{1}{a_j} (W_\Psi x)(a_j, b_i) \begin{bmatrix} \ddot{\Psi}_{a_j, b_i}(t) + 2\zeta \omega_0 \dot{\Psi}_{a_j, b_i}(t) \\ + \omega_0^2 \Psi_{a_j, b_i}(t) \end{bmatrix}$$

$$= \sum_i \sum_j \frac{1}{a_j} (W_\Psi Z)(a_j, b_i) \Psi_{a_j, b_i}(t) \tag{4-19}$$

对式（4-19）两边进行傅里叶变换得：

$$\sum_i \sum_j \frac{1}{a_j} (W_\Psi x)(a_j, b_i) \bar{\Psi}_{a_j, b_i}(\omega)$$

$$= \sum_i \sum_j \frac{1}{a_j} (W_\Psi Z)(a_j, b_i) H(\omega) \bar{\Psi}_{a_j, b_i}(\omega) \tag{4-20}$$

式中， $H(\omega)$ 为频响函数，

$$H(\omega)=\frac{1}{k-m\omega^2+j\omega c} \tag{4-21}$$

式中， k 为弹性体系的刚度； c 为体系的阻尼。

对式（4-20）两边自乘得：

$$\sum_i \sum_j \frac{1}{a_j{}^2}\left[(W_\Psi x)(a_j,b_i)\right]^2\left[\bar{\Psi}_{a_j,b_i}(\omega)\right]^2$$

$$=\sum_i \sum_j \frac{1}{a_j{}^2}\left[(W_\Psi Z)(a_j,b_i)\right]^2\left[H(\omega)\right]^2\left[\bar{\Psi}_{a_j,b_i}(\omega)\right]^2 \tag{4-22}$$

小波变换的能量与原始信号的能量之间存在等价关系，为了充分利用该等价关系，对式（4-22）进行积分，并取平均值得：

$$\sum_i \sum_j \frac{1}{a_j{}^2}E\left[(W_\Psi x)(a_j,b_i)^2\right]\int_{\mathbf{R}}\left[\bar{\Psi}_{a_j,b_i}(\omega)\right]^2\mathrm{d}\omega$$

$$=\sum_i \sum_j a_j{}^2 E\left[(W_\Psi Z)(a_j,b_i)^2\right]\int_{\mathbf{R}}\left[H(\omega)\right]^2\left[\bar{\Psi}_{a_j,b_i}(\omega)\right]^2\mathrm{d}\omega \tag{4-23}$$

式（4-23）两边同乘以 $k\Delta b$ 得：

$$k\Delta b\sum_i \sum_j \frac{1}{a_j{}^2}E\left[(W_\Psi x)(a_j,b_i)^2\right]\int_{\mathbf{R}}\left[\bar{\Psi}_{a_j,b_i}(\omega)\right]^2\mathrm{d}\omega$$

$$=k\Delta b\sum_i \sum_j a_j{}^2 E\left[(W_\Psi Z)(a_j,b_i)^2\right]\int_{\mathbf{R}}\left[H(\omega)\right]^2\left[\bar{\Psi}_{a_j,b_i}(\omega)\right]^2\mathrm{d}\omega \tag{4-24}$$

在小波变换中，原始信号 $x(t)$ 在 $L^2(R)$ 的 2 范数定义为：

$$\|x\|^2=\int_{\mathbf{R}}|x(t)|^2\mathrm{d}t \tag{4-25}$$

因此，在小波变换中，信号的 2 范数的平方等价于原始信号在时域上的能量。如果基本小波 $\varphi(t)$ 是一个允许小波，则存在：

$$\int_{\mathbf{R}}\mathrm{d}a\int_{\mathbf{R}}\mathrm{d}b\frac{1}{a^2}|W_\Psi x(a,b)|^2=\|x\|_2^2 \tag{4-26}$$

对 $x(t)$ 进行傅里叶变换，并与式（4-26）联合得到：

$$2\pi\langle x,x\rangle=\int_{\mathbf{R}}|\bar{X}(\omega)|^2\mathrm{d}\omega=\frac{2\pi}{a^2}\iint_{\mathbf{R}\mathbf{R}}\left[W_\Psi x(a,b)\right]^2\mathrm{d}a\,\mathrm{d}b \tag{4-27}$$

式中， $\bar{X}(\omega)$ 为 $x(t)$ 的傅里叶变换。

把式（4-15a）、式（4-15b）、式（4-15c）代入式（4-27）得：

$$\int_{\mathbf{R}} |X(\omega)|^2 \, \mathrm{d}\omega = \pi \sum_i \sum_i \frac{1}{a_j} \Delta b \left[(W_{\Psi}x)(a_j, b_i) \right]^2 \qquad (4\text{-}28)$$

把式（4-28）代入式（4-24），为方便今后的能量计算，此处固定频带，得：

$$\int_{\mathbf{R}} E\left[|X_j(\omega)|^2 \right] \mathrm{d}\omega = \pi k \, \Delta b \sum_i \frac{1}{a_j}$$

$$E\left[|W_{\Psi}Z(a_j, b_i)|^2 \right] \int_{\mathbf{R}} |H(\omega)|^2 \, |\bar{\Psi}(a_j, b_i)|^2 \mathrm{d}\omega \qquad (4\text{-}29)$$

进而得到所有频带的能量为：

$$S(\omega) = \pi k \sum_j \sum_i \frac{1}{a_j}$$

$$E\left[W_{\Psi}Z(a_j, b_i) \right]^2 |H(\omega)|^2 |\Psi_{a_j, b_i}(\omega)|^2 \qquad (4\text{-}30)$$

在振动持续时间 t 内的总能量可以表示为：

$$W = t \int_{\mathbf{R}} S(\omega) \, \mathrm{d}\omega$$

$$= \pi k t \sum_j \sum_i \frac{1}{a_j} E\left[(W_{\Psi}Z)(a_j, b_i) \right]^2 \int_{\mathbf{R}} |H(\omega)|^2 |\Psi(a_j, b_i)|^2 \mathrm{d}\omega$$

$$(4\text{-}31)$$

式（4-31）即为爆破振动作用下结构的能量计算公式，该公式对爆破振动信号从时频两域进行综合描述，符合分析爆破振动信号在时频域非平稳性的要求。

4.3
基于小波分析的爆破振动能量的分布

地震波的能量在各个频带上的分布是不同的，为准确分析多频带条件下各优势主频对建筑物的影响，本节利用小波分析良好的时频局部化性质，对爆破振动信号的能量分布特征进行分析，得到爆破振动信号不同频带上的能量分布。进而，根据爆破振动信号不同频带的特征频率与受控建筑物自振频率之间的关系确定爆破振动对建筑物的影响。

下面给出基于小波包分析信号不同频带能量分布规律的分析法的原理和应用。

4.3.1

小波能量分析的基本原理

在实际应用中，一般的非周期信号属于能量有限信号。通常称 $f(t) \in L^2(R)$ 是能量为 $E = \int_R |f(t)|^2 dt$ 的能量有限信号。

按照能量方式表示的小波包分解结果称为小波包能量谱。在小波变换中，原始信号 $f(t)$ 在 $L^2(R)$ 上的 2 范数定义为：

$$\| f \|^2 = \int_R |f(t)|^2 dt \qquad (4\text{-}32)$$

因此，在小波变换中，信号 2 范数的平方等价于原始信号在时域上的能量。如果基本小波 $\Psi(t)$ 是一个允许小波，则存在：

$$\int_R da \int_R db \left| \frac{W_\Psi f(a, b)}{a} \right|^2 = \| f \|_2^2 \ [f \in L^2(R)] \qquad (4\text{-}33)$$

所以小波变换的能量与原始信号的能量之间存在等价关系。这样用小波包能量谱来表示原始信号的能量分布是可靠的。

对于能量有限信号 $f(t) \in L^2(R)$，其能量为：$E = \int_R |f(t)|^2 dt$。

可令 $f(t) \in U_0^0$，根据小波包分解理论可知：

$$
\begin{aligned}
U_0^0 &= U_{-1}^0 + U_{-1}^1 \\
&= U_{-2}^0 + U_{-2}^1 + U_{-2}^2 + U_{-2}^3 \\
&\qquad \cdots \\
&= U_{-j}^0 + U_{-j}^1 + \cdots + U_{-j}^{2^j-1} \qquad (4\text{-}34)
\end{aligned}
$$

所以，对于某一个分解水平 j，$f(t)$ 可由 U_j^n $(n=0, 1, \cdots, 2^j-1)$ 的正交基 $\{\Psi_n(-k): n=0, 1, \cdots, 2^{j-1}, k \in \mathbf{Z}\}$ 线性表示为：

$$
\begin{aligned}
f(t) = &\sum_l d_l^{j,\,0} \Psi_0(2^j t - l) + \sum_l d_l^{j,\,1} \Psi_1(2^j t - l) + \cdots + \\
&\sum_l d_l^{j,\,0} \Psi_{2^j-1}(2^j t - l) \qquad (4\text{-}35)
\end{aligned}
$$

则有：

$$E = \int_{-\infty}^{\infty} |f(t)|^2 \mathrm{d}t$$

$$= \int_{-\infty}^{\infty} \left\{ \begin{array}{l} \sum_l d_l^{j,\,0} \Psi_0(2^j t - l) + \sum_l d_l^{j,\,1} \Psi_1(2^j t - l) + \cdots + \\ \sum_l d_l^{j,\,0} \Psi_{2^j - l}(2^j t - l) \end{array} \right\} \mathrm{d}t$$

$$= \sum_l (d_l^{j,\,0})^2 \int_{-\infty}^{\infty} [\Psi_0(2^j t - l)]^2 + \cdots + \sum_l (d_l^{j,\,2^j-1})^2$$

$$\int_{-\infty}^{\infty} [\Psi_{2^j-1}(2^j t - l)]^2 \mathrm{d}t$$

$$= \sum_{n=0}^{2^j-1} (d_l^{j,\,n})^2 \tag{4-36}$$

上式表明小波包分解系数 $d_l^{j,\,n}$ 与原信号满足能量守恒关系。

在实际应用中，信号往往用离散序列表示。假定 $\{x_k: k=0, 1, \cdots,$ $L-1\}$ 为待分解信号离散采样的时间序列，采样点数为 $L = 2^M$，对 $\{x_k\}$ 进行 N 层小波分解以后，该层的分解结果包括 2^N 个序列，每个序列包含 2^{M-N} 个小波包分解系数。将这些系数组成一个 2^N 行 2^{M-N} 列的二维矩阵，用 $a_{m,n}$ 表示，则 $a_{m,n}$ 与原信号之间同样满足能量守恒关系：

$$\int_{\mathbf{R}} |f(t)|^2 \mathrm{d}t = \frac{1}{2^M} \sum_{k=0}^{2^{M-N}-1} x_k^2 = \frac{1}{2^{M-N}} \sum_{K=0}^{2^{M-N}-1} a_{m,n}^2 \tag{4-37}$$

式（4-37）表明了信号在不同小波包序列和不同小波包位置上的能量分布情况。

在实际应用中，对爆破信号进行小波包分解时，分解的层数应该视具体信号及采用的爆破振动记录仪器的工作量程而定，假定将分析信号分解到第 N 层，设 $s_{N,i}$ 对应的能量为 $E_{N,j}$，则：

$$E_{N,j} = \int |s_{N,j}|^2 \mathrm{d}t = \sum_{k=1}^{m} |x_{j,k}|^2 \tag{4-38}$$

式中，$x_{j,k}$（$j = 0, 1, 2, \cdots, 2^n - 1$；$k = 1, 2, \cdots, m$。$m$ 为信号的离散点数）为能量。

设分析信号的总能量为 E，则：

$$E = \sum_{j=0}^{2^n-1} E_{N,j} \tag{4-39}$$

各频带的能量占被分析信号总能量的百分比为 E_j：

$$E_j = \frac{E_{N,j}}{E} \times 100\% \tag{4-40}$$

式（4-40）为信号经小波包分解后不同频带上的能量百分比。

4.3.2
爆破振动信号实例分析

应用MATLAB6.5的Wavelet Toolbox中内置dbN序列的小波包分解与分解系数重构相对应的函数及其算法，通过编程实现对信号的小波包分析。结合本工程爆破测试中实测的两组数据作为分析对象，选用"db4"小波，对它们进行小波包分解，分析爆破地震波的能量分布特点。

对该次的爆破振动信号进行"db"小波包变换，分解尺度是3，将信号分解到8个频带上，依次为：$0\sim40Hz$，$40\sim80Hz$，$80\sim120Hz$，$120\sim160Hz$，$160\sim200Hz$，$200\sim240Hz$，$240\sim280Hz$，$280\sim320Hz$。

两组数据的振动波形图和能量分布图如图4-2～图4-11所示。

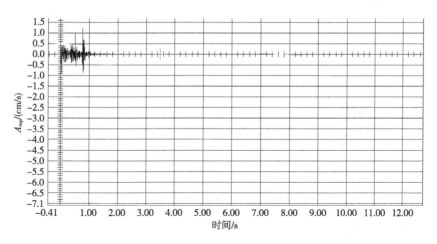

图4-2　测点2数据垂直方向原始波形图

从图4-3的分析结果可得到，该信号垂直方向的8个频带的主频分布依次为：$3.1Hz$，$43.3Hz$，$105.5Hz$，$136.7Hz$，$186.1Hz$，$207.5Hz$，$264.9Hz$，$277.71Hz$；各频带的能量所占百分比依次为：0.9683%，98.9537%，0.065%，0.046%，0.0041%，0.0034%，0.0006%，0.0004%。

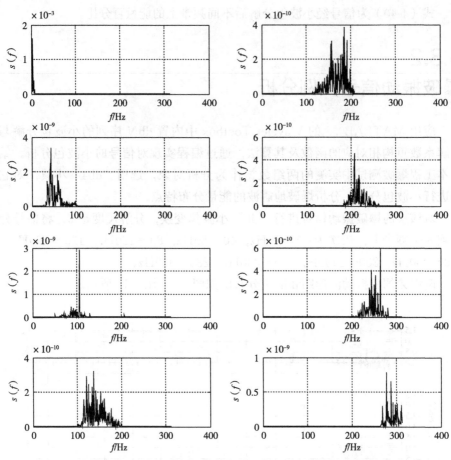

图 4-3　测点 2 数据垂直方向波形各频带的能量分布图

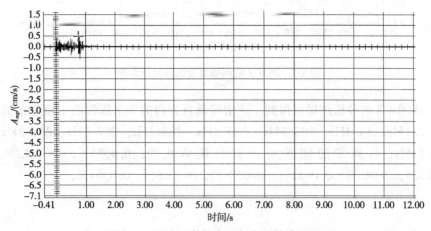

图 4-4　测点 2 数据水平径向原始波形图

浅埋地下爆破振动
预测技术

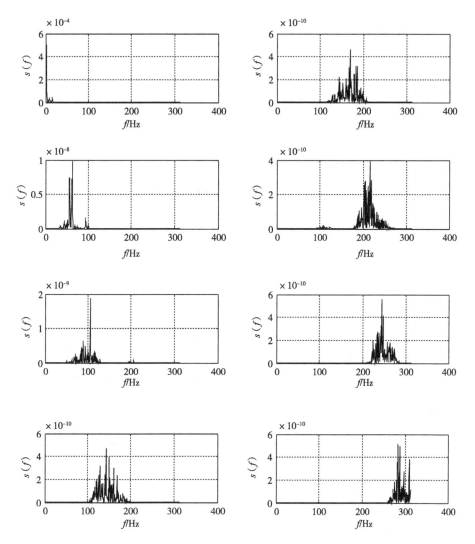

图 4-5　测点 2 数据水平径向波形各频带的能量分布图

从图 4-5 的分析结果可得到，该信号水平径向的 8 个频带的主频分布依次为：1.8Hz，62.8Hz，105.6Hz，143.4Hz，169.1Hz，215.4Hz，244.1Hz，283.2Hz；各频带的能量所占百分比依次为：2.1581%，97.6645%，0.1675%，0.0031%，0.0021%，0.0017%，0.0016%，0.0015%。

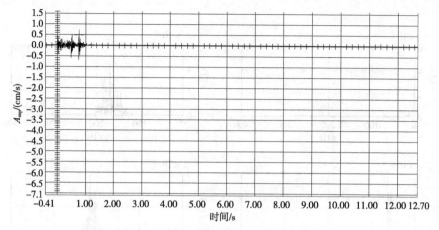

图 4-6　测点 2 数据水平切向原始波形图

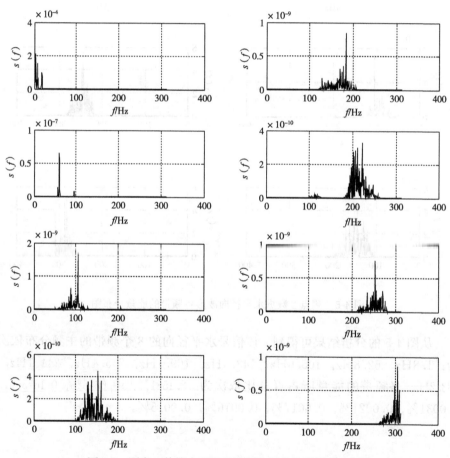

图 4-7　测点 2 数据水平切向波形各频带的能量分布图

从图 4-7 的分析结果可得到，该信号水平切向的 8 个频带的主频分布依次为：1.4Hz，60.4Hz，105.6Hz，152.6Hz，183.7Hz，221.5Hz，253.3Hz，305.7Hz；各频带的能量所占百分比依次为：3.1582%，96.6644%，0.1685%，0.0021%，0.0011%，0.0027%，0.0015%，0.0016%。

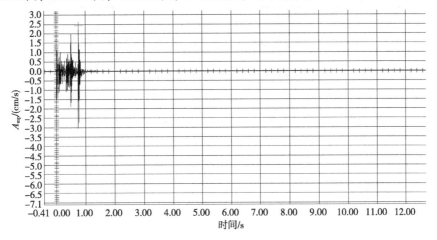

图 4-8　测点 1 数据垂直方向原始波形图

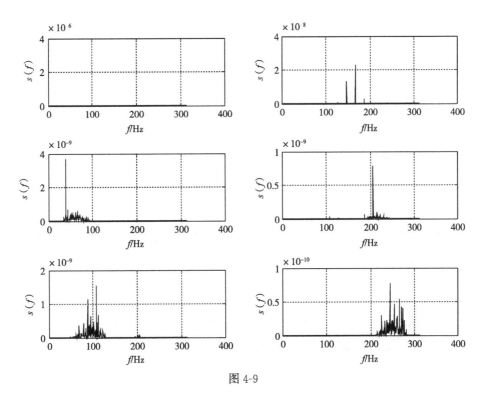

图 4-9

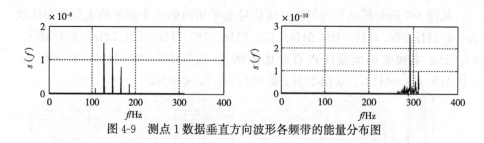

图 4-9　测点 1 数据垂直方向波形各频带的能量分布图

从图 4-9 的分析结果可得到，该信号垂直方向的 8 个频带的主频分布依次为：0Hz，39.1Hz，107.4Hz，126.9Hz，166.1Hz，205.1Hz，244.1Hz，292.9Hz；各频带的能量所占百分比依次为：0，99.9905%，0.0060%，0.0011%，0.0001%，0.0001%，0.0012%，0.0009%。

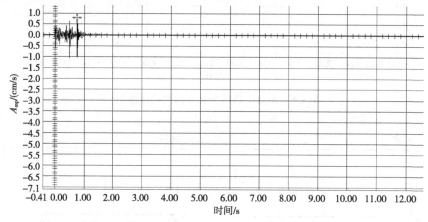

图 4-10　测点 1 数据水平切向原始波形图

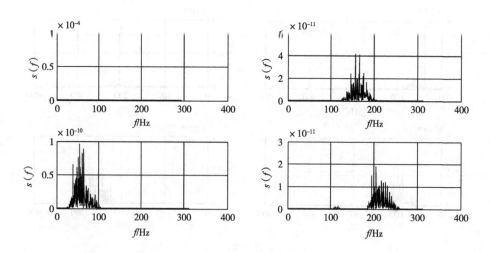

浅埋地下爆破振动
预测技术

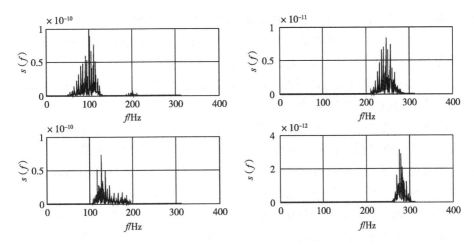

图 4-11　测点 1 数据水平切向波形各频带的能量分布图

从图 4-11 的分析结果可得到，该信号水平切向的 8 个频带的主频分布依次为：0Hz，55.5Hz，100.7Hz，126.9Hz，156.25Hz，205.1Hz，247.2Hz，276.5Hz；各频带的能量所占百分比依次为：0，99.8366%，0.1524%，0.0029%，0.0045%，0.0044%，0.0016%，0.0006%。

综合上面的分析可以得到，爆破振动信号经小波包分解为 8 个频带，分解后更能清楚地看出能量在时频域的具体分布情况，弥补了爆破振动信号进行傅里叶分析时只在频域上分析的缺陷。爆破振动信号的能量主要集中在主频及附近波段，但其能量分布很广且极不均匀，在各个不同的频域带中都有各频带的主频，因而各子频带的固有特性各不相同，使得在整个频域中出现了多个子中心。爆破地震波对周围建（构）筑物的影响破坏，是各个频带能量共同作用的结果，而不是某一个最大能量单独作用的结果。因而，在对建（构）筑物进行爆破动力分析时，必须综合考虑爆破地震波在各个频带的能量分布特性，才能取得更为准确的分析结果。

4.4

小结

爆破振动中输入建筑物中的振动能量与建筑物本身能量的大小关系是影响

爆破振动中建筑物破坏的一个重要因素。本章引入各种假设和理想化条件，把实际结构简化成单自由度体系，通过分析、计算，探讨爆破地震作用下建筑物的动力响应。主要对以下三方面进行研究：

① 通过探讨单自由度体系的自由振动以及受迫振动运动方程的解，在理论上可以求出建筑物对爆破振动作用的响应情况。

② 由于爆破振动信号是一种典型的非平稳随机信号，因而在爆破振动过程中，建筑物受爆破振动信号在时频域的双重影响。利用小波分析的时频局部性好，通过建立爆破振动作用后结构的小波模型，对单自由度体系的爆破振动能量进行分析，推导单自由度体系在小波基作用下的能量反应公式。

③ 地震波的能量在各个频带上的分布是不同的，通过阐述小波包分析信号不同频带能量分布规律的原理，利用小波分析良好的时频局部化性质，同时应用 MATLAB 6.5 的 Wavelet Toolbox 中内置 dbN 序列的小波包分解与分解系数重构相对应的函数及其算法，通过编程实现对爆破振动信号能量分布特征的小波包分析，得到了爆破振动信号在不同频带上的能量分布特征。

上述研究为今后分析爆破振动对建筑物的动力影响做了充分的理论分析准备。

第5章

岩石中爆炸破坏
分区与震源机制

5.1

引言

二十一世纪以来，随着国民经济的持续、快速发展和大量基础建设的增加，工程爆破技术依靠其高效、快速等优点，已经被深入应用到国民经济建设的各个领域中。在采矿、勘探、防护工程、水利及开采石油等岩土工程领域都已经广泛应用了工程爆破中的爆炸能。在岩土爆破工程中，随着爆破振动的传播，其中一部分的爆破振动能量被有效地利用，另外一部分的能量通过爆破区周围的介质向外传播，这部分能量会对周围的建（构）筑物或工程设施造成不同程度的振动和破坏。通过爆破工程的现场实验记录可以看出：爆破地震波是由不同振幅和不同频率的波列组成。每一个波列中都能反映地质条件、爆源以及地震波的传播途径等多种参数。

在爆炸作用下，爆炸近区经历着爆炸空腔的形成、压缩波的传播、塑性变形的发生和介质的破坏等多种过程。在坚硬岩石中，由于其空隙率较低，压缩波向外挤压一定体积的介质形成了爆炸空腔，爆炸能量的大小直接影响爆炸空腔半径的大小。爆炸能量以及岩土介质的性质决定了空腔的半径及非弹性变形区的半径。爆炸空腔和非弹性变形区半径直接影响着爆破振动波的力学参数。因此，在浅埋地下爆破中，非弹性区通常被认定为爆源。

大量的实验研究证明，非弹性区消耗了大部分的爆炸能量。在爆炸空腔做功完成后，浅埋地下爆炸的能量消耗如下：以热的形式耗散的非弹性区耗散了总能量的 $60\%\sim70\%$，爆炸产物的能量占总能量的 $10\%\sim20\%$，介质的融化大约占能量的 15%，最后总能量的 $10\%\sim15\%$ 以介质的压缩形式存在于弹性区。在弹性区内，地震动消耗了一部分能量，由于在传播过程中，地震波的能量损失，在不同介质交界面的反射、折射、散射和透射等耗能，地震动的强度逐渐减小。在地震波的传播过程中，地震波速度衰减越快，地震波的振动能量就越小。在弹性变形区，爆破地震作用的参数可以根据弹性理论来进行求解。

本章主要根据运动学方程和动力学方程，从岩石中爆炸破坏分区、各分区边界上的振动参数以及空腔与破碎区界面上的压力时程等方面进行研究，然后运用MATLAB 语言进行编程计算，最后对计算得出的数值结果进行正确性分析。

5.2
岩石中爆炸破坏分区与压力时程研究

爆生气体在爆破空腔内的相互作用，爆破空腔半径和破碎区半径的大小，以及空腔区、破碎区和弹性区三个区域在相邻交界面上的压力时程等方面的问题，是爆炸震源机制研究的最关键问题。

大量研究发现，当一个装药炮孔刚开始起爆时，炸药爆炸所产生的高压气体冲击孔壁，产生了冲击波，冲击波向外传播进入岩石介质。在炸药爆炸以后，若是不考虑爆炸物的运动，随着爆炸应力波距离爆炸点的位置不同，岩石的运动大体可以分为以下四个阶段：第一个阶段为爆炸冲击波在压缩介质里的运动，该运动最初是从装药表面开始的，随着扩展半径越来越大，冲击波的速度逐渐减小；第二个阶段为弹性压缩波在塑性区的运动，随着冲击波在塑性区的传播，波速不断减小，当波速降至弹性压缩波的波速时，弹性波从冲击波的波阵面分离出来并越过冲击波；第三个阶段为弹性波在弹性区与塑性区交界面上产生的运动，该交界面是时刻运动变化的；第四个阶段为弹性变形的运动。

在爆破工程中，爆炸对周围岩石造成振动和破坏，根据周围岩石受爆炸作用后的破坏程度，将周围岩石分成四个区：空腔区、破碎区、径向裂隙区和震动区，震动区和径向裂隙区统称为弹性区。在传播过程中，爆破冲击波经过破碎区、径向裂隙区中不同介质交界面的反射、折射、散射和透射等耗能后，最终形成了爆破地震波。

空腔区、破碎区、径向裂隙区和震动区四个不同区域的分布见图5-1。

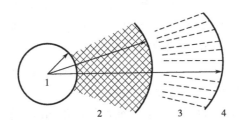

图 5-1　爆破作用下岩石的破坏分区
1—空腔区；2—破碎区；3—径向裂隙区；4—震动区

破碎区的显著特点是在爆炸作用下，该区内的岩体介质受到严重破坏，变成松散介质。在破碎区内，由于介质受到了严重的破坏，很小的剪切力就能促使介质变形破坏，因此材料破坏消耗的爆炸能量很小。假设介质在压缩应力 σ 下破坏，那么相对线性 $\varepsilon \ll 1$，这时单位容积所吸收的破坏能量的数量级为 $\sigma\varepsilon$，而耗费在介质运动上的能量数量级为 σ。由此可得，破碎区松散介质的运动与流体的运动比较相似，在破碎区中发挥了重要作用。但是，与流体运动的性质相比较，由于破碎区内岩体松散的摩擦型介质具有一定的抗剪性，因此不能完全用分析流体运动的方法来分析破碎区内的岩体。

径向裂隙区的显著特点是该区域内的介质都被破坏成径向柱杆的裂缝。

震动区的显著特点是该区域内的介质可以被认为是完全弹性的。在径向裂隙区和震动区中的变形是小变形，而且是弹性变形。在径向裂隙区和震动区中，质点的运动是最关键的。

破碎区的压力经过径向裂隙区，最终传到震动区。震动区、径向裂隙区和破碎区等三个区域的应力与应变关系可以通过图 5-2 来表示。

综上所述，在集中装药爆炸作用下，岩体介质从变形到破坏，主要经历了两个阶段。第一阶段：假设裂缝的发展速度为 V_{max}，爆炸空腔的膨胀速度和破碎区的传播速度都大于裂缝的发展速度。该阶段一般包括塑性区和弹性区两个区域。现行区域的半径用 r 来表示，爆炸腔室的半径用 $a(t)$ 来表示，破碎区的半径用 $b(t)$ 来表示，则弹性区域的半径范围可以表示为 $r \geq b(t)$；塑性区域的半径范围可以表示为 $a(t) \leq r \leq b(t)$。第二阶段：随着压缩波继续向前传播，其速度逐渐减小，径向裂隙区域出现。径向裂隙区的半径范围可以表示为 $b(t) \leq r \leq c(t)$，其中 $c(t)$ 为径向裂隙区阵面的半径。

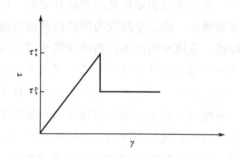

图 5-2 应力与应变关系

在震动区和径向裂隙区中，根据静力条件对变形进行推导计算。其中的应力和变形按现行时间瞬刻荷载的静力关系确定。

下面根据在爆破加载过程中，岩石变形经历不同时期发展的分区过程，分别写出各分区确定的关系式、运动方程和通解。

5.2.1

空腔区

爆炸发生后腔室内充满爆生气体，爆生气体等熵膨胀，即遵循：ρv^{γ} = 常数。可以根据爆生气体绝热膨胀规律（Jonse-Miller 绝热曲线）对爆炸压力进行计算。

$$p(a) = \begin{cases} p_0 \left(\dfrac{a}{a_0}\right)^{-3\gamma_1} & a \leq a^* \\ p_0 \left(\dfrac{a^*}{a_0}\right)^{-3\gamma_1} \left(\dfrac{a}{a^*}\right)^{-3\gamma_2} & a \geq a^* \end{cases} \tag{5-1}$$

式中　a^*——临界膨胀半径，$\gamma_1 = 3$，$\gamma_2 = 1.27$，$a^*/a_0 = 1.53$；

p_0——炮轰压力，若炸药为 TNT 炸药，$p_0 = 3.56 \times 10^9 \text{Pa}$。

对于爆速大于 4000m/s 的炸药，爆炸压力 p_d 可以根据下式进行计算：

$$p_d = 0.000424 v^2 \bar{\rho} \; (1 - 0.543\bar{\rho} + 0.193\bar{\rho}^2)$$

式中　$\bar{\rho}$——装药密度；

v——爆速。

孔壁压力为：

$$p_{\max} = \frac{2\rho c_p}{\rho c_p + v\bar{\rho}} p_d$$

式中，c_p 为波速。

爆轰压力作用时间约为 $10^{-6} \sim 10^{-4}$ s，爆生气体作用时间约为 $10^{-3} \sim 10^{-1}$ s，孔壁上压力时程为：

$$p(t) = 4p_{\max} \left[\exp(-Bt/\sqrt{2}) - \exp(-\sqrt{2}Bt)\right]$$

式中，$B = 16338$；t 为时间，s。

5.2.2

破碎区

根据爆炸释放能量的多少，将爆炸分为弱爆炸和强爆炸两种。岩体介质中的爆破工程基本上属于弱爆炸。炸药在无限岩石介质内发生爆炸后，最初形成了爆炸空腔，假设球形空腔的半径为 a_0，随着爆破冲击波的传播，由于不同介质交界面的反射、折射、散射和透射等耗能后，波速逐渐降低，由近到远，形成了弹性波，相应地，产生了破裂波阵面和弹性波阵面。

在破碎区，爆炸冲击波的压力很大，在冲击波的作用下该区域内的岩体介质被破坏成松散介质。以往，通常运用流体动力学理论对孔壁初始冲击压力参数进行推导计算，但是，严格来讲，由于破碎后的岩体介质相互之间还存在抗剪作用和内摩擦作用，与运用流体动力学理论比较，运用摩尔-库仑定律更能准确反映破碎区域内介质的相互关系。

总结来说，弹性体模型适用于弹性波的传播，与其相反，理想塑性体模型适用于非常高的压力区。岩石在动力荷载作用下的行为接近于流体行为，而在中间过渡区域的小变形岩石是一个更值得关注的课题，下面运用摩尔-库仑理论对其进行推导计算。

在紧邻装药的破碎区中，岩体介质被破坏成松散介质。为了方便计算，根据球面坐标系下，松散介质的运动方程：

$$\rho\left(\frac{\partial V}{\partial t} + V\frac{\partial V}{\partial r}\right) = \frac{\partial \sigma_r}{\partial r} + \frac{2(\sigma_r - \sigma_\theta)}{r} \qquad (5\text{-}2)$$

式中　ρ——岩体介质的密度，kg/m^3；

　　　V——径向质点速度，m/s；

　　　σ_r——径向应力，Pa；

　　　σ_θ——环向应力分量，Pa；

　　　r——当前半径，m。

根据已知的运动参数和当前的空腔半径，可以求得岩体介质的密度。通过推导计算可得，岩石介质的密度 ρ 数值的变化对运动方程的求解影响不大，因此在式（5-2）中认为介质的密度 ρ 是一个常数，并且等于它的初始密度 ρ_0，式（5-2）变为下式：

$$\rho_0\left(\frac{\partial V}{\partial t} + V\frac{\partial V}{\partial r}\right) = \frac{\partial \sigma_r}{\partial r} + \frac{2(\sigma_r - \sigma_\theta)}{r} \qquad (5\text{-}3)$$

式中　ρ_0——介质的初始密度，kg/m^3。

利用摩尔－库仑准则对破碎区岩体介质进行推导计算：

$$\tau = c + \sigma\tan\varphi \qquad (5\text{-}4)$$

式中　c——破碎岩体介质的黏聚力；

　　　φ——破碎岩体介质的内摩擦角；

　　　τ——剪切面上的剪应力；

　　　σ——剪切面上的正应力。

当爆炸腔室膨胀时，主应力在球面坐标系下可以表示为：

$$(1+\alpha)\sigma_\theta - \sigma_r - Y = 0 \tag{5-5}$$

$$Y = 2c\cos\varphi / (1-\sin\varphi), \alpha = 2\sin\varphi / (1-\sin\varphi)$$

当球形空腔受到挤压时，环向应力较大，上式准则变为：

$$(1+\alpha)\sigma_r - \sigma_\theta - Y = 0 \tag{5-6}$$

将新的 α_1 和 Y_1 代入式（5-5）则形成：

$$(1+\alpha_1)\sigma_\theta - \sigma_r - Y_1 = 0 \tag{5-7}$$

$$Y_1 = -Y / (1+\alpha), \alpha_1 = -\alpha / (1+\alpha)$$

在爆破作用下，破碎区非相容变形的扩容效应可用下列简单的关系表示：

$$\dot{\varepsilon} = \Lambda \dot{\gamma} \tag{5-8}$$

式中　$\dot{\varepsilon}$ ——体积扩容变形率；

　　　Λ ——扩容系数；

　　　$\dot{\gamma}$ ——剪切变形变化率。

把式（5-8）展开，即得到破碎区的膨胀条件：

$$\frac{\partial V}{\partial r} + 2\frac{V}{r} = \Lambda\left(\frac{V}{r} - \frac{\partial V}{\partial r}\right) \tag{5-9}$$

当介质密度为常数时，根据破碎区的膨胀条件和球形空腔膨胀的边界条件可以得出：

$$v(r, t) = \frac{\dot{a}a^n}{r^n} \tag{5-10}$$

式中，$n = (2-\Lambda)/(1+\Lambda)$，一般 $n = 2$。$\dot{a}$ 为球腔的膨胀速度，球腔膨胀的边界条件为：

$$v\left|\begin{array}{l} r=a \\ t=t \end{array}\right. = \dot{a}(t)$$

将式（5-5）中的 $\sigma_\theta = \dfrac{Y+\sigma_r}{1+\alpha}$ 代入式（5-3）得：

$$\rho_0\left(\frac{\partial V}{\partial t} + V\frac{\partial V}{\partial r}\right) = \frac{\partial \sigma_r}{\partial r} + \frac{2(\alpha\sigma_r - Y)}{r(1+\alpha)} \tag{5-11}$$

根据式（5-10）得：

$$\frac{\partial V}{\partial t} = \frac{(\dot{a}a^n Y_t}{r^n} \tag{5-12}$$

$$\frac{\partial V}{\partial r} = -\frac{n\dot{a}a^n}{r^n} \tag{5-13}$$

把式（5-12）和式（5-13）代入式（5-11），并整理得：

$$\frac{\partial \sigma_r}{\partial r} + \frac{2\alpha}{1+\alpha} \times \frac{\sigma_r}{r} = \frac{2Y}{1+\alpha} \times \frac{1}{r} + \rho_0 \left[\frac{(\dot{a}a^n)_t}{r^n} - \frac{n(\dot{a}a^n)^2}{r^{2n+1}} \right] \quad (5\text{-}14)$$

令 $x = r$，$y = \sigma_r$，代入式（5-14）得：

$$\frac{\partial y}{\partial x} + \frac{2\alpha}{1+\alpha} \times \frac{y}{x} = \frac{2Y}{1+\alpha} \times \frac{1}{x} + \rho_0 \left[\frac{(\dot{a}a^n)'_t}{x^n} - \frac{n(\dot{a}a^n)^2}{x^{2n+1}} \right] \quad (5\text{-}15)$$

利用一阶线性微分方程求解式（5-15）得：

$$y = G(t)x^{-\frac{2\alpha}{1+\alpha}} + \frac{Y}{\alpha} + \rho_0 \left[\frac{(\dot{a}a^n)'_t}{x^{n-1}} \times \frac{1+\alpha}{(3-n)\alpha + (1-n)} \right.$$
$$\left. - n \frac{1+\alpha}{2\alpha(1-n) - 2n} \times \frac{(\dot{a}a^n)^2}{x^{2n}} \right] \quad (5\text{-}16)$$

式中，$G(t)$ 为任意的时间函数。

令 $S_1 = \dfrac{1+\alpha}{(3-n)\alpha + (1-n)}$，$S_2 = \dfrac{1+\alpha}{2\alpha(1-n) - 2n}$，则：

$$y = G(t)x^{-\frac{2\alpha}{1+\alpha}} + \frac{Y}{\alpha} + \rho_0 \left[S_1 \frac{(\dot{a}a^n)'_t}{x^{n-1}} - nS_2 \frac{(\dot{a}a^n)^2}{x^{2n}} \right] \quad (5\text{-}17)$$

即 $\quad \sigma_r^P = \dfrac{Y}{\alpha} + \rho_0 \left[S_1 \dfrac{(\dot{a}a^n)'_t}{r^{n-1}} - nS_2 \dfrac{(\dot{a}a^n)^2}{r^{2n}} \right] + G(t)r^{-\frac{2\alpha}{1+\alpha}} \quad (5\text{-}18)$

式（5-18）即为破坏区的通解，上标 p、f、e 分别表示破碎区、径向裂隙区和震动区。

破碎区还存在如下边界条件：

初始条件： $\qquad t = 0, r = a_0, \sigma_r = -p_0 \qquad\qquad (5\text{-}19)$

空腔壁： $\qquad r = a(t), \sigma_r = -p(a) \qquad\qquad (5\text{-}20)$

在破坏区中，当 $r \leqslant b(t)$ 时，根据式（5-10）得到位移增量 Δu_r，

$$a^{n+1} - a_0^{n+1} = r^{n+1} - (r - \Delta u_r)^{n+1} \quad (5\text{-}21)$$

在 $r \leqslant b(t)$ 区域中的全部位移 u_r 为：

$$u_r \approx u_r(b, t_r) + \frac{a^{n+1} - a^{n+1}(t_r)}{(n+1)r^n} \quad (5\text{-}22)$$

式中 $\qquad t_r$ ——破碎波到 r 的时间；

$u_r(b, t_r)$ ——弹性区中破碎波到 r 的位移。

5.2.3

径向裂隙区

该区域内的介质都被破坏成径向柱杆的裂缝。假设环向应力分量 $\sigma_\theta^f = 0$。根据准静力平衡方程，在准静力解范围内：

$$\frac{\partial \sigma_r^f}{\partial r} + \frac{2(\sigma_r^f - \sigma_\theta^f)}{r} = 0 \tag{5-23}$$

即

$$\frac{\partial \sigma_r^f}{\partial r} + \frac{2\sigma_r^f}{r} = 0 \tag{5-24}$$

对微分方程（5-24）积分，求解得：

$$\sigma_r^f = C_1 \times \frac{1}{r^2} \tag{5-25}$$

利用在 $r = b$ 处的连续条件并根据式（5-5）可得：

$$\sigma_r^f(b) = C_1 \times \frac{1}{b^2} = -p_b \tag{5-26}$$

$$\therefore C_1 = -b^2 p_b$$

把 $C_1 = -b^2 p_b$ 代入式（5-25）得：

$$\sigma_r^f = -p_b \frac{b^2}{r^2} \tag{5-27}$$

式中，p_b 为 $r = b$ 的径向应力。

5.2.4

震动区

对于震动区，在球面坐标系下，可以得到介质无荷载状态时径向位移 $u(r, t)$ 的通解：

$$u(r, t) = \frac{f'(t, r)}{r} + \frac{f(t, r)}{r^2} - \frac{1 - \nu}{1 + \nu} Pr \tag{5-28}$$

$$\frac{\partial u(r, t)}{\partial r} = -\frac{f''(t, r)}{r} - \frac{2f'(t, r)}{r^2} - \frac{2f(t, r)}{r^3} - \frac{1 - \nu}{1 + \nu} P$$

$$\frac{u(r, t)}{r} = \frac{f'(t, r)}{r^2} + \frac{f(t, r)}{r^3} - \frac{1 - \nu}{1 + \nu} P$$

利用物理方程，则有：

$$\sigma_r = \frac{E}{(1+\nu)(1-2\nu)}\left[(1-\nu)\frac{\partial u}{\partial r} + 2\nu\frac{u_r}{r}\right]$$

$$= -\frac{E(1-\nu)}{(1+\nu)(1-2\nu)} \times \frac{f''(t,r)}{r} - \frac{2E}{1+\nu}\left[\frac{f'(t,r)}{r^2} + \frac{f(t,r)}{r^3}\right] -$$

$$EP\frac{1-\nu}{(1+\nu)(1-2\nu)}$$

为了方便进行后续计算，把参数进行无量纲化转换，长度标度为 a_0、时间标度为 $\frac{a_0}{c_0}$ $\left(C_0{}^2 = \frac{E_1}{\rho_0}\right)$ 和应力标度：

$$E_1 = E\frac{1-\nu}{(1+\nu)(1-2\nu)}$$

式中　E ——弹性模量；

　　　ν ——泊松比；

　　　ρ_0 ——弹性介质的初始密度；

　　　P ——岩体自身压力；

$f(z)$ ——任意函数。

进行无量纲形式转换后，切向应力和环向应力可以表示为以下两个式子：

$$\sigma_r = -\frac{1}{r}f''(t,r) - 4\mu^2\left[\frac{1}{r^2}f'(t,r) + \frac{1}{r^3}f(t,r)\right] - P$$

$$\sigma_\theta = -\frac{1-2\mu^2}{r}f''(t,r) + 2\mu^2\left[\frac{1}{r^2}f'(t,r) + \frac{1}{r^3}f(t,r)\right] - P$$

$$(5-29)$$

其中，$\mu^2 = 0.5(1-2\nu)(1-\nu)$。

根据弹性区材料的破坏准则，当 $\sigma_r < 0$ 时，利用摩尔-库仑准则，确定在平面（σ_r，σ_θ）上介质弹性性质的范围。当 $\sigma_r < \sigma_\theta$ 时，以这个区域以下一直线为界限：

$$(1+\alpha_2)\sigma_\theta - \sigma_r - Y_2 = 0 \qquad (5-30)$$

即式（5-30）为弹性区材料的破坏准则。

根据拉力为 σ_t 和压力为 σ_c，进行单轴试验，来确定参数 α_2 和 Y_2，其公式为：

$$\alpha_2 = \frac{\sigma_c}{\sigma_t} - 1, Y_2 = \sigma_C$$

若介质为坚硬岩石，上面两个参数的取值范围为：$\alpha_2 = 7 \sim 12$，$Y_2 =$

$(0.6\sim2.7)\times10^8$。

5.2.5
压缩波的传播

在坚硬岩石中爆炸后，最初爆炸空腔弹性膨胀，随着爆炸冲击波的向前传播，其传播速度逐渐减小，破碎区的半径逐渐增大，破坏状态就随着向前发展。爆炸腔室内的荷载强度以及岩石介质的强度参数是弹性介质破坏的主要影响因素。

假定爆炸腔室在 t_1 时刻（取 $t_1=0$）弹性发展结束，同时爆破腔室开始破坏，即在 t_1 时刻爆炸腔室以及以后在破碎波阵面 $r=b(t)$ 上都要满足破坏条件式（5-30），从 t_1 时刻开始，压缩波应满足 $r=b$ 处弹塑性界面条件，根据式（5-29）进行如下推导计算。

在破碎区阵面 $r=b(t)$ 上，将 $r=b$ 代入式（5-29）得：

$$\sigma_r=-\frac{1}{b}f''(t,b)-4\mu^2\left[\frac{1}{b^2}f'(t,b)+\frac{1}{b^3}f(t,b)\right]-P$$

$$\sigma_\theta=-\frac{1-2\mu^2}{b}f''(t,b)+2\mu^2\left[\frac{1}{b^2}f'(t,b)+\frac{1}{b^3}f(t,b)\right]-P$$

$$(5\text{-}31)$$

把式（5-31）中的 σ_r、σ_θ 代入破坏条件式（5-30）并整理得：

$$\frac{2\mu^2+2\alpha_2\mu^2-\alpha_2}{b}f''(t,b)+\frac{2\mu^2(3+\alpha_2)}{b^2}$$

$$f'(t,b)+\frac{2\mu^2(3+\alpha_2)}{b^3}f(t,b)-\alpha_2P-Y_2=0$$

$$\frac{\alpha_2-2\mu^2-2\alpha_2\mu^2}{b}f''(t,b)+\frac{-2\mu^2(3+\alpha_2)}{b^2}$$

$$f'(t,b)-\frac{2\mu^2(3+\alpha_2)}{b^3}f(t,b)+(\alpha_2P+Y_2)=0 \qquad (5\text{-}32)$$

相应地，令 $A=\alpha_2-2\mu^2-2\alpha_2\mu^2$，$B=-2\mu^2(3+\alpha_2)$，$D=-Y_2-P\alpha_2$，则上式变为：

$$\frac{A}{b}f''(t,b)+\frac{B}{b^2}f'(t,b)+\frac{B}{b^3}f(t,b)-D=0 \qquad (5\text{-}33)$$

在爆破破碎区和径向裂隙区的分界面 $r=b(t)$ 上，假设在破碎区中的密度变化很小，在进行下面的静力方程推导计算时，可以认为速度 V 和应力 σ_r 是连续的。根据压缩波在爆炸腔室和破碎区的连续条件进行下面的推导计算：

① 根据爆炸腔室 $r=a(t)$ 上的边界条件 $\sigma_r(a)=-p(a)$ 及式（5-18）得：

$$\frac{Y}{\alpha}+\rho_0\left[S_1\frac{(\dot{a}a^n)_t}{a^{n-1}}-nS_2\frac{(\dot{a}a^n)^2}{a^{2n}}\right]+G(t)a^{-\frac{2\alpha}{1+\alpha}}=-p(a) \quad (5\text{-}34)$$

$$G(t)=-\left\{p(a)+\frac{Y}{\alpha}+\rho_0\left[S_1\frac{(\dot{a}a^n)_t'}{a^{n-1}}-nS_2\frac{(\dot{a}a^n)^2}{a^{2n}}\right]\right\}a^{\frac{2\alpha}{1+\alpha}}$$

把 $G(t)$ 代入式（5-18）得：

$$\sigma_r=\frac{Y}{\alpha}+\rho_0\left[S_1\frac{(\dot{a}a^n)_t}{r^{n-1}}-nS_2\frac{(\dot{a}a^n)^2}{r^{2n}}\right]-$$

$$\left\{p(a)+\frac{Y}{\alpha}+\rho_0\left[S_1\frac{(\dot{a}a^n)_t}{a^{n-1}}-nS_2\frac{(\dot{a}a^n)^2}{a^{2n}}\right]\right\}\left(\frac{a}{r}\right)^{\frac{2\alpha}{1+\alpha}}$$

$$=-p(a)\left(\frac{a}{r}\right)^{\frac{2\alpha}{1+\alpha}}+\frac{Y}{\alpha}\left[1-\left(\frac{a}{r}\right)^{\frac{2\alpha}{1+\alpha}}\right]+\rho_0\left[S_1\frac{(\dot{a}a^n)_t}{r^{n-1}}-nS_2\frac{(\dot{a}a^n)^2}{r^{2n}}\right]$$

$$-\left[S_1\frac{(\dot{a}a^n)_t}{a^{n-1}}-nS_2\frac{(\dot{a}a^n)^2}{a^{2n}}\right]\rho_0\times\left(\frac{a}{r}\right)^{\frac{2\alpha}{1+\alpha}}$$

$$\quad (5\text{-}35)$$

② 根据破碎区和爆炸腔室上的速度连续条件：

$$\frac{\partial u}{\partial t}(b-0)=\frac{\partial u}{\partial t}(b+0) \quad (5\text{-}36)$$

利用式（5-28）得：

$$\frac{\partial u}{\partial t}=\frac{f''(t,r)}{r}+\frac{f'(t,r)}{r^2} \quad (5\text{-}37)$$

在 $r=b(t)$ 边界上，即 $r=b(t)$ 时，把式（5-10）和式（5-37）代入式（5-36）得：

$$\frac{f''(t,b)}{b}+\frac{f'(t,b)}{b^2}=\frac{\dot{a}a^n}{b^n}$$

整理得：

$$f''(t,b)=\frac{\dot{a}a^n}{b^{n-1}}-\frac{f'(t,b)}{b} \quad (5\text{-}38)$$

③ 根据破碎区和爆炸腔室上的应力连续条件：$\sigma_r(b-0)=\sigma_r(b+0)$，联立式（5-35）和式（5-29）得：

$$-p(a)\left(\frac{a}{b}\right)^{\frac{2\alpha}{1+\alpha}}+\frac{Y}{\alpha}\left[1-\left(\frac{a}{b}\right)^{\frac{2\alpha}{1+\alpha}}\right]+\rho_0\left[S_1\frac{(\dot{a}a^n)_t}{b^{n-1}}-nS_2\frac{(\dot{a}a^n)^2}{b^{2n}}\right]-$$

$$\left[S_1\frac{(\dot{a}a^n)_t}{a^{n-1}}-nS_2\frac{(\dot{a}a^n)^2}{a^{2n}}\right]\rho_0\left(\frac{a}{b}\right)^{\frac{2\alpha}{1+\alpha}}=-\frac{1}{b}f''(t,b)-$$

$$4\mu^2\left[\frac{1}{b^2}f'(t,b)+\frac{1}{b^3}f(t,b)\right]-P \qquad (5\text{-}39)$$

把式（5-38）代入上式并整理得：

$$-S_1\left[1-\left(\frac{b}{a}\right)^{\frac{1}{S_1}}\right]a\ddot{a}+n\left\{S_2\left[1-\left(\frac{b}{a}\right)^{\frac{1}{S_2}}\right]-S_1\left[1-\left(\frac{b}{a}\right)^{\frac{1}{S_1}}\right]\right\}\dot{a}^2-\frac{Y}{\alpha}+$$

$$\left\{\frac{Y}{\alpha}+\frac{\dot{a}a^n}{b^n}-\frac{f'(t,b)}{b^2}+4\mu^2\left[\frac{f'(t,b)}{b^2}+\frac{f(t,b)}{b^3}\right]+P\right\}\left(\frac{b}{a}\right)^{\frac{2\beta}{1+\alpha}}-p(a)=0$$

$$(5\text{-}40)$$

令：$p_b=\dfrac{\dot{a}a^n}{b^n}-\dfrac{f'(t,b)}{b^2}+4\mu^2\left[\dfrac{f'(t,b)}{b^2}+\dfrac{f(t,b)}{b^3}\right]+P$，

$$R_1=-S_1\left[1-\left(\frac{b}{a}\right)^{\frac{1}{S_1}}\right], \quad R_2=-S_2\left[1-\left(\frac{b}{a}\right)^{\frac{1}{S_2}}\right],$$

$$R_3=\left[\frac{Y}{\alpha}+p_b\right]\left(\frac{b}{a}\right)^{\frac{2\alpha}{1+\alpha}}-\frac{Y}{\alpha}$$

则式（5-40）变为：

$$R_1a\ddot{a}+n(R_1-R_2)\dot{a}^2+R_3-p(a)=0 \qquad (5\text{-}41)$$

把式（5-38）代入破坏界面式（5-33），并整理得：

$$\frac{A}{b}\left[\frac{\dot{a}a^n}{b^{n-1}}-\frac{f'(t,b)}{b}\right]+\frac{B}{b^2}f'(t,b)+\frac{B}{b^3}f(t,b)-D=0$$

$$A\dot{a}a^n+(B-A)b^{n-2}f'(t,b)+Bb^{n-3}f(t,b)-Db^n=0 \qquad (5\text{-}42)$$

两边对 t 求导得：

$$\frac{\mathrm{d}b}{\mathrm{d}t}=\frac{A(Va^n)_t+(B-A)\dfrac{Va^n}{b}+Af'(t,b)b^{n-3}}{(B-A)\dfrac{Va^n}{b}+f'(t,b)b^{n-3}[A(n-1)-B(n-2)]-B(n-3)b^{n-4}f(t,b)+nDb^{n-1}}$$

$$(5\text{-}43)$$

设函数 $V(t)=\dot{a}(t)$，$\phi(t)=f[t,b(t)]$，$\phi(t)=f'[t,b(t)]$，根据式（5-41）求解得：

$$V\Big|_{\substack{r=a\\t=t}}=\dot{a}(t),\ \ 即\ \frac{\mathrm{d}a}{\mathrm{d}t}=V \qquad (5\text{-}44)$$

$$\frac{dV}{dt} = \frac{p(a) - R_3 - n(R_1 - R_2)V^2}{aR_1} \qquad (5\text{-}45)$$

$$\frac{d\phi}{dt} = \phi(1 - \dot{b}) \qquad (5\text{-}46)$$

$$\frac{d\phi}{dt} = \left(\frac{Va^n}{b^{n-1}} - \frac{\phi}{b}\right)(1 - \dot{b}) \qquad (5\text{-}47)$$

式（5-43）变形得：

$$\frac{db}{dt} = \frac{A(Va^n)'_t + Q(Va^n/b) + A\phi b^{n-3}}{Q\left(\dfrac{Va^n}{b}\right) + \varphi b^{n-3}[A(n-1) - B(n-2)] - B(n-3)b^{n-4}\varphi + nDb^{n-1}}$$

$$(5\text{-}48)$$

$$p_b = \frac{Va^n}{b^n} - \frac{\phi}{b^2} + 4\mu^2\left(\frac{\phi}{b^2} + \frac{\varphi}{b^3}\right) + P \qquad (5\text{-}49)$$

式中，$Q = B - A$；$(Va^n)'_t = \dfrac{a^{n-1}[nR_2V^2 - R_3 + p(a)]}{R_1}$。

联立式（5-44）～式（5-48），进行求解。该方程组的初始条件为：$t_1 = 0$ 时，$a = b = a_0$，$V = \phi = \varphi = 0$。在求解过程中，为方便求解，五个未知数的解均利用时间 t 的级数形式来表示，即在时刻 $t = t_1$，$a = b = a(t_1)$，$V = V(t_1)$，$\varphi = f[t_1, a(t_1)]$，$\phi = f'[t_1, a(t_1)]$ 时，然后利用 MATLAB 语言编程进行后续计算。

5.3
工程实例计算与分析

5.3.1
工程实例计算

本实例为青岛市一商业区的地下车库爆破施工监测项目，该商业区地下车库的爆破开挖区域长为 1200m，宽为 850m，开挖深度为 8m。该爆破区的基岩大部分为花岗岩，由于经历了漫长的地质历史时期外营力地质作用，基岩从上到下形成了各种不同程度的风化带。该次爆破采用球形乳化炸药，炸药的密度为 1200kg/m³，爆轰速度为 3800m/s；装药半径为 0.05m，孔距约 1.5m，孔深为 1.8m，排距为 1.1m。

花岗岩的基本参数为：岩石的介质密度 $\rho_0 = 2700$kg/m³，泊松比 $\nu = 0.3$，岩石的声速为 5320m/s，$\alpha = 8$，压力 $p_0 = 3.56 \times 10^9$Pa，外部压力 $p = 1 \times 10^6$Pa。爆生气体绝热指数 $\gamma_1 = 3$，$\gamma_2 = 1.27$，弹性模量 $E = 62$GPa。

联立式（5-44）~式（5-48），将式（5-44）~式（5-48）分别转换为标准一阶微分方程，然后利用 MATLAB 语言编程进行后续结果计算。

装药半径为 0.05m 时，各破坏区半径与界面压力时程的结果如图 5-3~图 5-8 所示。

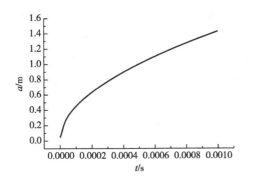

图 5-3　球形空腔半径

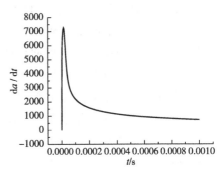

图 5-4　球形空腔膨胀速度

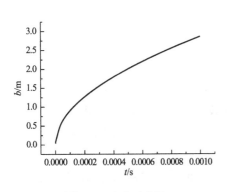

图 5-5　破碎区半径

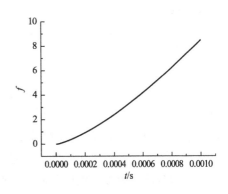

图 5-6　弹性势能

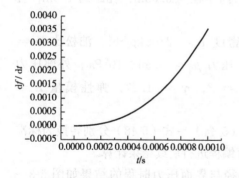

图 5-7 弹性势能的变化率

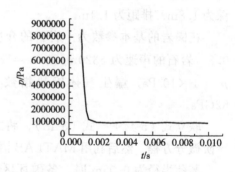

图 5-8 破碎区与弹性区的界面压力

从上面各曲线图可以看出，球形空腔的变化速度单调递减，最后趋于一稳定值。球形空腔的半径和破碎区的半径均是单调增加，一直增加到最大值，两个区半径的发展变化并不是周期性或波动性的。爆炸腔室的弹性势能单调增加，而且弹性势能的变化率逐渐增加。破碎区与弹性区的界面压力突跃至最大值，然后按负指数规律衰减至零。

综上所述，在坚硬岩石经历的爆炸空腔区、破碎区和弹性区的整个爆炸破坏过程中，最关键的发展阶段是在破碎区进行的。根据上一节的推导公式可以看出：被爆岩石中的初始压力、岩石单轴抗压强度、抗拉强度、泊松比和外部压力等参数对破碎区的发展起着举足轻重的作用。

5.3.2
数值计算分析

根据图 5-3～图 5-5 数值分析计算的结果可以看出：在该次爆破实例中，坚硬岩石（此处为花岗岩）的球形空腔半径与装药半径比为 1.49，破碎区半径与装药半径比为 2.85。该结果在数值和数量级上都与一般概念上的分区大小一致，所以该计算方法是正确的，也是合理的。

下面对该次爆破案例中破碎区与弹性区的界面压力时程进行正确性分析。

界面压力的近似计算根据以下公式：

$$p = \frac{p_m}{\bar{r}^n} \qquad (5-50)$$

式中　p——距离爆炸源为 R 处的压力；

p_m ——岩石与炸药界面处的压力；

$\bar{r}$ ——比例距离，$\bar{r} = \dfrac{R}{R_0}$，R 为爆源距离，R_0 为装药半径；

n ——衰减系数。

对于一般完整性好的岩石：

$$n = 2 \pm \frac{\nu}{1-\nu} \tag{5-51}$$

式中，当 n 取负号时表示弹性波的传播区域；当 n 取正号时表示冲击波的传播区域；ν 为岩石的泊松比。

对于一般岩石来说，在弹性变形区中，$n = 1.3 \sim 1.9$，$\nu = 0.1 \sim 0.4$；在塑性变形区中，$n = 3$，$\nu = 0.5$。

$$p_m = k p_h \tag{5-52}$$

式中　k ——投射系数，$k = \dfrac{2\rho_0 C_p}{(\rho_0 C_p + \rho D)}$；

p_h ——爆轰压力，$p_h = \dfrac{1}{4}\rho D^2$；

ρ_0 ——岩石密度；

C_p ——岩石的声速；

ρ ——炸药的密度；

D ——炸药的爆轰速度。

在该次案例分析中，可取 $n = 2.8$，当比例距离 $\bar{r} = 20$ 时，把 n 和 $\bar{r}$ 代入到近似计算式（5-51）和式（5-52）中，可得近似计算结果 p 为 $1.496 \times 10^6 \mathrm{Pa}$；理论数值计算结果 p 为 $2.013 \times 10^6 \mathrm{Pa}$。当比例距离 $\bar{r} = 42$ 时，近似计算结果 p 为 $1.874 \times 10^5 \mathrm{Pa}$；理论数值计算结果 p 为 $2.431 \times 10^5 \mathrm{Pa}$。把理论计算结果和近似计算结果相比较可以看出，两种方法的结果在数量级上一致，在数值大小上基本一致，从而验证了本文中理论数值计算的正确性。

最后，对压力计算的结果进行曲线拟合，得到该次爆破中破碎区与弹性区分界面上的压力时程曲线方程：

$$p(t) = x\mathrm{e}^{yt} = 8452233\mathrm{e}^{-6402t} \tag{5-53}$$

综上所述，本小节主要从球形空腔半径、破碎区半径和破碎区与弹性区的界面压力三个方面，把理论计算结果和近似计算结果进行比较后得出两种方法的结果相近，因此运用弹塑性模型（摩尔-库仑理论）推导的爆炸破坏各分区的半径及界面应力时程的结果是正确的。

岩石中爆炸破坏分区与震源机制

119

5.4

小结

本章主要研究了岩石中爆炸破坏分区、各分区上的振动参数以及破碎区与弹性区界面上的压力三个方面。运用摩尔-库仑理论这一屈服准则，将波的传播速度及时间等参数构成的运动学方程和动力学方程相结合，详细推导了岩石中爆炸破坏分区，以及各分区上的振动参数。运用 MATLAB 语言进行编程计算得出爆炸破坏分区半径及破碎区与弹性区界面的压力时程图，然后对得出的理论结果进行正确性分析。得出的主要结论有：

① 球形空腔的变化速度单调递减，最后趋于一稳定值。球形空腔的半径和破碎区的半径均是单调递增，一直增加到最大值，两个区半径的发展变化并不是周期性或波动性的。爆炸腔室的弹性势能单调递增，而且弹性势能的变化率逐渐增加。破坏区与弹性区的界面压力突跃至最大值，然后按负指数规律衰减至零。

② 在坚硬岩石经历的爆炸空腔区、破碎区和弹性区的整个爆炸破坏过程中，最关键的发展阶段是在破碎区进行的。根据推导公式可以看出：被爆岩石中的初始压力、岩石单轴抗压强度、抗拉强度、泊松比和外部压力等参数对破碎区的发展起着举足轻重的作用。

③ 根据图 5-3～图 5-5 数值分析计算的结果可以看出：在该次爆破实例中，坚硬岩石（此处为花岗岩）的球形空腔半径与装药半径比为 1.49，破碎区半径与装药半径比为 2.85。该结果在数值和数量级上都与一般概念上的分区大小一致，所以验证了本章第一节的计算推导方法是正确的，也是合理的。

④ 对压力计算的结果进行曲线拟合，得到该次爆破中破碎区与弹性区分界面上的压力时程曲线方程：

$$p(t) = x e^{yt} = 8452233 e^{-6402t}$$

⑤ 从球形空腔半径、破碎区半径和破碎区与弹性区的界面压力三个方面，把理论计算结果和近似计算结果进行比较后得出两种方法的结果相近，因此运用弹塑性模型（摩尔-库仑理论）推导的爆炸破坏各分区的半径及界面压力时程的结果是正确的。

第**6**章

爆破地震波在半无限介质自由表面的运动规律预测

爆破地震波传播经过的岩土层是经过漫长的地质年代形成的地质体，其内部包含大量的裂隙。这些裂隙相当复杂，造成岩土内部的不连续性和不均匀性。因此，爆破地震波在岩土介质中的传播规律属于多学科交叉研究领域，涉及爆炸力学、弹性动力学、非线性有限元理论、岩石力学、结构工程、地下工程等多学科知识。

本章主要根据弹性动力学、岩石动力学、爆炸力学等理论，再根据爆破地震波位移势函数的特点，利用复合函数与积分变换和分离变量的方法，建立浅埋爆炸作用下爆破地震波在半无限介质自由表面运动的计算模型，并通过工程实例计算与分析，对爆破地震波在半无限介质自由表面的运动规律进行预测。

6.1

基本理论

6.1.1

傅里叶变换

在建造偏微分方程或者方程组的解时广泛采用傅里叶变换法。该方法包括傅里叶积分变换和傅里叶级数变换。傅里叶积分变换通常适用于微分方程或方程组独立变量的变换区间为无限区间，而傅里叶级数变换则通常适用于微分方程或方程组中独立变量的变换区间为有限区间时。

（1）周期函数的傅里叶级数[104, 105]

设 $f_T(t)$ 是周期为 T 的周期函数，若 $f_T(t)$ 满足狄利克雷（Dirichlet）条件，即：

① 在一个周期内连续或只有有限个第一类间断点；

② 在一个周期内至多有有限个极值点。

则在 $f_T(t)$ 的连续点处：

$$f_T(t) = \frac{a_0}{2} + \sum_{n=1}^{\infty}(a_n\cos n\omega t + b_n \sin n\omega t) \tag{6-1}$$

式中，$\omega = \dfrac{2\pi}{T}$ ； $a_0 = \dfrac{2}{T}\displaystyle\int_{-\frac{T}{2}}^{\frac{T}{2}}f_T(t)\mathrm{d}t$ ； $a_n = \dfrac{2}{T}\displaystyle\int_{-\frac{T}{2}}^{\frac{T}{2}}f_T(t)\cos n\omega t\mathrm{d}t$ ， $n \in$

$\mathbf{Z}^+$; $\quad b_n = \dfrac{2}{T} \displaystyle\int_{-\frac{T}{2}}^{\frac{T}{2}} f_T(t)\sin n\omega t\, \mathrm{d}t$, $n \in \mathbf{Z}^+$。

在 $f_T(t)$ 的间断点 t 处，式（6-1）的等号右边收敛于：

$$\frac{f_T(t-0) + f_T(t+0)}{2}$$

利用欧拉公式，可以把正余弦函数都用指数函数表示出来：

$$\sin n\omega t = \frac{i}{2}\left(\mathrm{e}^{-in\omega t} - \mathrm{e}^{in\omega t}\right),\quad \cos n\omega t = \frac{1}{2}\left(\mathrm{e}^{in\omega t} + \mathrm{e}^{-in\omega t}\right)$$

此时，式（4-1）可以写为：

$$f_T(t) = \frac{a_0}{2} + \sum_{n=1}^{\infty}\left(\frac{a_n - ib_n}{2}\mathrm{e}^{in\omega t} + \frac{a_n + ib_n}{2}\mathrm{e}^{-in\omega t}\right)$$

令

$$c_0 = \frac{a_0}{2} = \frac{1}{T}\int_{-\frac{T}{2}}^{\frac{T}{2}} f_T(t)\,\mathrm{d}t$$

$$
\begin{aligned}
c_n &= \frac{a_n - ib_n}{2} \\
&= \frac{1}{T}\left[\int_{-\frac{T}{2}}^{\frac{T}{2}} f_T(t)\cos n\omega t\,\mathrm{d}t - i\int_{-\frac{T}{2}}^{\frac{T}{2}} f_T(t)\sin n\omega t\,\mathrm{d}t\right] \\
&= \frac{1}{T}\int_{-\frac{T}{2}}^{\frac{T}{2}} f_T(t)(\cos n\omega t - i\sin n\omega t)\,\mathrm{d}t \\
&= \frac{1}{T}\int_{-\frac{T}{2}}^{\frac{T}{2}} f_T(t)\mathrm{e}^{-in\omega t}\,\mathrm{d}t,\ n \in \mathbf{Z}^+,
\end{aligned}
$$

$$c_{-n} = \frac{a_n + ib_n}{2} = \frac{1}{T}\int_{-\frac{T}{2}}^{\frac{T}{2}} f_T(t)\mathrm{e}^{in\omega t}\,\mathrm{d}t,\ n \in \mathbf{Z}^+$$

可得：

$$f_T(t) = c_0 + \sum_{n=1}^{+\infty}(c_n\mathrm{e}^{in\omega t} + c_{-n}\mathrm{e}^{-in\omega t}) = \sum_{n=-\infty}^{+\infty} c_n\mathrm{e}^{in\omega t}$$

这个式子是傅里叶级数的复指数形式，工程上一般采用这种形式，其中：

$$c_n = \frac{1}{T}\int_{-\frac{T}{2}}^{\frac{T}{2}} f_T(t)\mathrm{e}^{-in\omega t}\,\mathrm{d}t,\ n \in \mathbf{Z}$$

若令：

$$\omega_n = n\omega,\ n \in \mathbf{Z}$$

则上式可写成：

$$f_T(t) = \frac{1}{T}\sum_{n=-\infty}^{+\infty}\left[\int_{-\frac{T}{2}}^{\frac{T}{2}} f_T(\tau)\mathrm{e}^{-i\omega_n \tau}\,\mathrm{d}\tau\right]\mathrm{e}^{i\omega_n t} \qquad (6\text{-}2)$$

（2）非周期函数的傅里叶积分公式

任意一个非周期函数 $f(t)$ 都可以看成是由某个周期函数 $f_T(t)$ 当 $T \to +\infty$ 时转化而来的。为了说明这点，做周期为 T 的函数 $f_T(t)$，使其在 $\left[-\dfrac{T}{2}, \dfrac{T}{2}\right)$ 之内等于 $f(t)$，而在 $\left[-\dfrac{T}{2}, \dfrac{T}{2}\right)$ 之外按周期 T 延拓到整个数轴上。当 T 越大，$f_T(t)$ 与 $f(t)$ 相等的范围越大，这表明当 $T \to +\infty$ 时，周期函数 $f_T(t)$ 便可转化为 $f(t)$，即 $\lim\limits_{T \to +\infty} f_T(t) = f(t)$。因此，在式（6-2）中，令 $T \to +\infty$ 时，所得结果就可以看成是 $f(t)$ 的展开式，即：

$$f_T(t) = \lim_{T \to +\infty} \frac{1}{T} \sum_{n=-\infty}^{+\infty} \left[\int_{-\frac{T}{2}}^{\frac{T}{2}} f_T(\tau) e^{-i\omega_n \tau} d\tau \right] e^{i\omega_n t}$$

当 $n \in \mathbf{Z}$，ω_n 所对应的点便均匀地分布在整个数轴上，如图 6-1 所示。

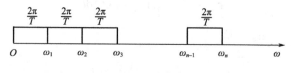

图 6-1 ω 点分布图

若相邻两点的距离以 $\Delta\omega_n$ 表示，即：

$$\Delta\omega_n = \omega_n - \omega_{n-1} = \frac{2\pi}{T} \quad \text{或} \quad T = \frac{2\pi}{\Delta\omega_n}$$

则当 $T \to +\infty$ 时，有 $\Delta\omega_n \to 0$，上式又可以写为：

$$f(t) = \lim_{\Delta\omega_n \to 0} \frac{1}{2\pi} \sum_{n=-\infty}^{+\infty} \left[\int_{-\frac{T}{2}}^{\frac{T}{2}} f_T(\tau) e^{-i\omega_n \tau} d\tau \right] e^{i\omega_n t} \Delta\omega_n \qquad （6-3）$$

当 t 固定时，$\dfrac{1}{2\pi} \left[\int_{-\frac{T}{2}}^{\frac{T}{2}} f_T(\tau) e^{-i\omega_n \tau} d\tau \right] e^{i\omega_n t}$ 是参数 ω_n 的函数，记为 $\Phi_T(\omega_n)$，即：

$$\Phi_T(\omega_n) = \frac{1}{2\pi} \left[\int_{-\frac{T}{2}}^{\frac{T}{2}} f_T(\tau) e^{-i\omega_n \tau} d\tau \right] e^{i\omega_n t}$$

利用 $\Phi_T(\omega_n)$ 可将式（6-3）写为：

$$f(t) = \lim_{\Delta\omega_n \to 0} \sum_{n=-\infty}^{+\infty} \Phi_T(\omega_n) \Delta\omega_n$$

显然，当 $\Delta\omega_n \to 0$，即 $T \to +\infty$ 时，$\Phi_T(\omega_n) \to \Phi(\omega_n)$，这里：

$$\Phi(\omega_n) = \frac{1}{2\pi} \left[\int_{-\infty}^{+\infty} f(\tau) e^{-i\omega_n \tau} d\tau \right] e^{i\omega_n t}$$

从而可以看作是 $\Phi(\omega_n)$ 在 $(-\infty, +\infty)$ 上的积分：

$$f_t = \int_{-\infty}^{+\infty} \Phi(\omega_n) \, \mathrm{d}\omega_n$$

即

$$f_t = \int_{-\infty}^{+\infty} \Phi(\omega) \mathrm{d}\omega$$

即

$$f(t) = \frac{1}{2\pi} \int_{-\infty}^{+\infty} \left[\int_{-\infty}^{+\infty} f(\tau) \mathrm{e}^{-i\omega\tau} \mathrm{d}\tau \right] \mathrm{e}^{i\omega t} \mathrm{d}\omega \qquad (6\text{-}4)$$

该式子称为函数 $f(t)$ 的傅里叶积分公式，其等式右端称为 $f(t)$ 的傅里叶积分。

（3）傅里叶变换的概念

若函数 $f(t)$ 满足傅里叶积分定理的条件，则在 $f(t)$ 的连续点处，有：

$$f(t) = \frac{1}{2\pi} \int_{-\infty}^{+\infty} \left[\int_{-\infty}^{+\infty} f(\tau) \mathrm{e}^{-i\omega\tau} \mathrm{d}\tau \right] \mathrm{e}^{i\omega t} \mathrm{d}\omega$$

设

$$F(\omega) = \int_{-\infty}^{+\infty} f(t) \mathrm{e}^{-i\omega t} \mathrm{d}t \qquad (6\text{-}5)$$

则

$$f(t) = \frac{1}{2\pi} \int_{-\infty}^{+\infty} F(\omega) \mathrm{e}^{i\omega t} \mathrm{d}\omega \qquad (6\text{-}6)$$

称式（6-5）为 $f(t)$ 的傅里叶变换式，式（6-6）为 $F(\omega)$ 的傅里叶逆变换式。

6.1.2

拉普拉斯变换

当一个函数除了满足狄利克雷条件外，还在 $(-\infty, +\infty)$ 内满足绝对可积的条件时，就一定存在古典意义下的傅里叶变换。但满足绝对可积的条件是比较困难的，许多函数即使是非常简单的函数（如单位阶跃函数、正弦函数、余弦函数以及线性函数等）都不满足这个条件；其次，可以进行傅里叶变换的函数必须在整个数轴上有定义，但在物理、工程技术等实际应用中，许多以时间 t 作为自由变量的函数往往在 $t < 0$ 时是无意义或者是不需要考虑的，像这样的函数都不能取傅里叶变换。由此可见，傅里叶变换的应用受到相当大的限

制。拉普拉斯变换成功克服了傅里叶变换的这两个缺点，具体定义如下：

设函数 $f(t)$ 当 $t \geq 0$ 时有定义，且积分 $\int_0^{+\infty} f(t)\mathrm{e}^{-st}\,\mathrm{d}t$ （ s 是一个复参量）在 s 的某一域内收敛，则由此积分所确定的函数：

$$F(s) = \int_0^{+\infty} f(t)\mathrm{e}^{-st}\,\mathrm{d}t \tag{6-7}$$

称为函数 $f(t)$ 的拉普拉斯变换，记为：

$$F(s) = \mathscr{L}[f(t)] \tag{6-8}$$

$F(s)$ 称为 $f(t)$ 的拉普拉斯变换（或称为像函数）。

若 $F(s)$ 是 $f(t)$ 的拉普拉斯变换，则称 $f(t)$ 是 $F(s)$ 的拉普拉斯逆变换（或称为像原函数），记为：

$$f(t) = \mathscr{L}^{-1}[F(s)]$$

6.2
波动方程的分离变量解

研究爆破地震波在岩土介质中的传播规律时，通常把岩土介质当作半无限域介质进行研究。为了方便后续的计算，运用傅里叶变换法，对半无限空间域进行积分变换，通过积分运算，把一个函数变为另一函数，将微分与积分运算转化为代数运算，从而将微积分方程转化为代数方程，使方程求解变得简单。

由于时间变量通常在半无限域内变化，因而时间变量在进行无限域或半无限域动力学问题求解时起着非常重要的作用。在无限域或半无限域中的动力学问题进行求解时，通常依据在弹性理论问题中对波动方程或者方程组建造边值问题解的不完全分离变量法，使用该方法的具体步骤是：首先对方程或方程组中的空间坐标采用傅里叶变换，然后对时间变量进行拉普拉斯变换。

在 $Z \geq 0$ 的半空间里，三维的波动方程为以下形式：

$$\left(\frac{\partial}{\partial x^2} + \frac{\partial}{\partial y^2} + \frac{\partial}{\partial z^2} \right) u = \frac{1}{a^2} \times \frac{\partial u}{\partial t^2} \tag{6-9}$$

式（6-9）的初始条件为：

$$u\big|_{t=0} = \frac{\partial u}{\partial t}\bigg|_{t=0} = 0 \tag{6-10}$$

式（6-9）的边界条件为：

$$u\big|_{z=0}=u_0\,(x,\,y,\,t) \tag{6-11}$$

若 u_0 和初始条件及边界条件的解存在，那么根据高等数学知识，式（6-9）～式（6-11）的解存在。

为方便求解上述方程，此处利用不完全变量分离法进行方程组的求解。

首先，对坐标（x，y）应用双重傅里叶变换，并把解表示为：

$$u(x,\,y,\,z,\,t)=\int_{-\infty}^{\infty}\!\!\int U\,(m,\,n,\,z,\,t)\,\mathrm{e}^{i\,(mx+ny)}\,\mathrm{d}m\,\mathrm{d}n \tag{6-12}$$

同样，对边界条件 u_0（x，y，t）进行双重傅里叶变换，变换后的形式如下：

$$u_0\,(x,\,y,\,t)=\int_{-\infty}^{\infty}\!\!\int U_0(m,\,n,\,t)\mathrm{e}^{i\,(mx+ny)}\,\mathrm{d}m\,\mathrm{d}n \tag{6-13}$$

把式（6-12）代入到式（6-9）中去，得到对于变量 $U\,(m,\,z,\,n,\,t)$ 的新方程：

$$\frac{\partial U^2}{\partial z^2}-(m^2+n^2)\,U=\frac{1}{a^2}\times\frac{\partial^2 U}{\partial t^2} \tag{6-14}$$

该方程的边界条件为：

$$U\big|_{z=0}=U_0 \tag{6-15}$$

初始条件为：

$$U\big|_{t=0}=0\,,\quad\frac{\partial U}{\partial t}\bigg|_{t=0}=0 \tag{6-16}$$

对比式（6-9）和式（6-14）可以看出，对最初的方程进行傅里叶变换，变换后的方程减少了需要进行微分的独立变量的数量。

其次，对时间区域 $t\geqslant 0$ 应用拉普拉斯变换。引入新的函数替代 U（m，z，n，t）：

$$R(m,\,n,\,z,\,s)=\int_0^{\infty}U\,(m,\,n,\,z,\,t)\,\mathrm{e}^{-st}\,\mathrm{d}t \tag{6-17}$$

式中，s 为复数变量，其实部为 Re，$s=\sigma\geqslant\sigma_0>0$。

把式（6-14）的两边乘以 e^{-st} 并对时间 t 在半无限区间进行积分得：

$$\frac{\partial^2 R}{\partial z^2}-(m^2+n^2)\,R=\frac{1}{a^2}\int\frac{\partial^2 U}{\partial t^2}\mathrm{e}^{-st}\,\mathrm{d}t \tag{6-18}$$

把式（6-18）的右边进行分部积分，并考虑初始条件得：

$$\frac{\partial^2 R}{\partial z^2}-\left(m^2+n^2+\frac{S^2}{a^2}\right)R=0 \tag{6-19}$$

由高等数学知识可知，对于式（6-19）若初始条件不为零，那么该方程就不是齐次的。

因此求解 $Z \geqslant 0$ 半空间三位波动方程的解归结为求解定解条件下，下列形式常微分方程的解：

$$R \big|_{z=0} = R_0(m, n, s)$$

式中

$$R_0(m, n, s) = \int_0^\infty U_0(m, n, t) e^{-st} \mathrm{d}t \qquad (6\text{-}20)$$

根据高等数学教程，微分方程的解可求解式（6-19）的通解具有下列形式：

$$R(m, n, z, s) = C(m, n, s) e^{-z\sqrt{m^2+n^2+s^2/a^2}} + D(m, n, s) e^{z\sqrt{m^2+n^2+s^2/a^2}} \qquad (6\text{-}21)$$

式中，C 和 D 为任意函数，两者均由在无穷远处的边界条件式（6-20）确定。

对于式（6-21）设：

$$r = \sqrt{m^2 + n^2 + \frac{s^2}{a^2}} \qquad (6\text{-}22)$$

为变量 s 平面上的双值函数。如果利用下列条件：

$$\arg r = 0 \ , \quad s > 0 \qquad (6\text{-}23)$$

来确定一个根的分支，那么式（6-21）中的 $C(m, n, s) e^{-z\sqrt{m^2+n^2+s^2/a^2}}$ 描述当 $z \to \infty$ 时是递减的扰动，而式（6-21）中的 $D(m, n, s) e^{z\sqrt{m^2+n^2+s^2/a^2}}$ 描述当 $z \to \infty$ 时是递增的扰动。

由于考虑到爆炸波动的实际情况，当初始条件为零时，对于 $Z \geqslant 0$ 整个半空间没有扰动，所以，对于三维波动式（6-9）～式（6-11）的解应该是在无穷远处递减的解。

根据上面的理解，在式（6-21）中应选择 $C(m, n, s) e^{-z\sqrt{m^2+n^2+s^2/a^2}}$ 并使其满足边界条件式（6-20）得：

$$R(m, n, z, s) = R_0(m, n, s) e^{-z\sqrt{m^2+n^2+s^2/a^2}} \qquad (6\text{-}24)$$

根据上一节中的拉普拉斯变换公式，最终得到波动方程的解：

$$u(x, y, z, t) = \iint_{-\infty}^\infty \left[\frac{1}{2m} \int_l R_0(m, n, s) e^{-z\sqrt{m^2+n^2+s^2/a^2}+st} \mathrm{d}s \right] e^{i(mx+my)} \mathrm{d}m \, \mathrm{d}n \qquad (6\text{-}25)$$

式中，l 为复平面上的积分回路，$\mathrm{Re} s = \sigma \geqslant \sigma_0 > 0$。

6.3
爆破地震波在半无限介质
自由表面运动的计算模型

为了更好地研究在浅埋地下爆炸作用下,岩土体中出现的波动过程,本小节将爆炸力学、弹性动力学和高等数学的基本理论知识进行有效结合,建立了浅埋爆炸作用下,地震波在半无限介质自由表面运动的计算模型,为进一步研究地震波在半无限介质自由表面运动规律的实例分析提供了理论基础。

6.3.1
简化模型

在地下爆炸过程中,随着地震波的传播,爆炸对周围岩石造成不同程度的振动和破坏。根据周围岩石受爆炸作用后的破坏程度,将周围岩石分成四个区:空腔区、破碎区、径向裂隙区和震动区,震动区和径向裂隙区统称为弹性区。本小节将运用弹性动力学理论对弹性区内的地表运动进行研究。

目前,爆破振动震源主要使用的是爆破等效荷载模型。在工程爆破研究领域,应用最广泛的爆破震源理论为等效孔穴理论,最初是由 J. A. Sharp 提出来的。该等效孔穴理论的实质是在爆炸作用过程中,爆破振动的震源是由非弹性变形区构成,与此相应,爆破震源即非弹性区域的力学性质决定了爆破弹性区域的物理力学参数。本文根据浅埋地下爆炸的等效荷载模型,将爆炸震源简化为一个半径为 R_0 的球形空腔,简化后的地下爆炸模型如图 6-2 所示。

在图 6-2 中:O 为球形空腔的球心,来自浅埋爆炸震源的纵波用 P_0 表示,来自自由表面的反射波用 P_1 表示,由反射波 P_1 所引起的横波用 S_1 表示,震源深度用 H 表示,破坏半径用 R_0 表示。

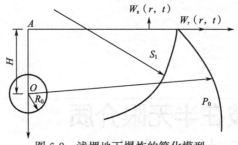

图 6-2　浅埋地下爆炸的简化模型

6.3.2

基本理论

　　设弹性半空间介质的材料特性用密度 ρ 表示，拉梅系数用 λ 和 μ 表示，纵波速度用 C_p、横波速度用 C_s 表示。在浅埋地下爆炸的地震波传播过程中，爆炸震源通常有两种不同的表示方法：第一种由破坏区表面的径向粒子速度来表示，$u_r = u_r(t)$；第二种由空腔表面径向正应力来表示，$\sigma_r = \sigma_r(t)$。

　　本书中爆炸震源函数采用破坏区表面的径向粒子速度来表示，即：

$$u_r = u_0 f(t) \tag{6-26}$$

式中　$f(t)$ ——速度时程的某一连续函数形式，$f(0) = 0$；

　　　u_0 ——具有速度量纲的常数。

　　根据震源周围介质产生的空间球对称运动，对球面波的传播问题进行求解，其初始状态与球形震源中心重合。介质质点的一维径向位移满足线性波动方程：

$$\frac{\partial^2 w}{\partial r^2} + \frac{2}{r} \times \frac{\partial w}{\partial r} - \frac{2w}{r} = \frac{1}{C_p^2} \times \frac{\partial^2 w}{\partial t^2} \tag{6-27}$$

$$C_p = \sqrt{\frac{\lambda + 2\mu}{\rho}}$$

式中　w ——质点的径向位移；

　　　C_p ——纵波的传播速度。

　　在球对称问题中，质点的径向位移也可以利用势函数表示成如下形式：

$$w(R, t) = \frac{\partial}{\partial R}\left[\frac{\Phi(\xi)}{R}\right] \tag{6-28}$$

$$\xi = t - \frac{R - R_0}{C_p}$$

$$\frac{\partial w}{\partial t} = u_r(t), \quad R = R_0 \tag{6-29}$$

式中　$\Phi(\xi)$——势函数。

当 $t=0$ 时，对式（6-29）进行积分，求解得：

$$\frac{\Phi(\xi)}{R} = -\frac{u_0 R_0^2}{R} \int_0^\xi f(\xi - \tau) \left[1 - \exp\left(-\frac{\tau C_p}{R_0}\right)\right] \mathrm{d}\tau \tag{6-30}$$

把式（6-30）对 R 求导，得到质点的位移 $w(R, t)$：

$$w(R, t) = \frac{\partial}{\partial R} \left\{ -\frac{u_0 R_0^2}{R} \int_0^\xi f(\xi - \tau) \left[1 - \exp\left(-\frac{\tau C_p}{R_0}\right)\right] \mathrm{d}\tau \right\} \tag{6-31}$$

把式（6-31）对 t 求微分，得到粒子的速度 $u_r(R, t)$：

$$u(R, t) = \frac{\partial}{\partial t} \left\{ \frac{\partial}{\partial R} \left[-\frac{u_0 R_0^2}{R} \int_0^\xi f(\xi - \tau) \left[1 - \exp\left(-\frac{\tau C_p}{R_0}\right)\right] \mathrm{d}\tau \right] \right\} \tag{6-32}$$

为了方便后面的计算，利用拉普拉斯变换，把式（6-30）表示为以下形式：

$$\frac{\Phi(\xi)}{R} = -u_0 R_0^2 \int_0^\xi f_1(t) \left[\frac{1}{2\pi i} \int_{\sigma - i\infty}^{\sigma + i\infty} \frac{\mathrm{e}^{s(\xi - \tau)}}{sR} \mathrm{d}s\right] \mathrm{d}\tau \tag{6-33}$$

其中：

$$f_1(\tau) = \frac{1}{2\pi i} \int_{\sigma - i\infty}^{\sigma + i\infty} \frac{F(\mu)}{R_0 \mu + C_p} \mathrm{e}^{\mu\tau} \mathrm{d}\mu$$

$$F(\mu) = \int_0^\infty f(t) \mathrm{e}^{-\mu t} \mathrm{d}t$$

式中，$\sigma > 0$，$\sigma_1 > 0$。

用 $\Phi_0(\xi)$ 表示 $R = R_0$ 球面上的集中源脉冲，即：

$$\Phi_0(\xi) = \frac{u_0 R_0^2}{R} \times \frac{1}{2\pi i} \int_{\sigma - i\infty}^{\sigma + i\infty} \frac{\mathrm{e}^{s\xi}}{s} \mathrm{d}s \tag{6-34}$$

为方便在圆柱坐标下进行运算，把式（6-34）进行变换，得：

$$\Phi_0(\xi) = -u_0 R_0^2 \int_0^\infty k J_0(kr) \left\{ \frac{1}{2\pi i} \int_l \frac{\exp\left[st'\left(H - z\sqrt{a^2 s^2 + k^2}\right)\right]}{s\sqrt{a^2 s^2 + k^2}} \mathrm{d}s \right\} \mathrm{d}k \tag{6-35}$$

式中　H——爆炸源的中心坐标；

　　　z——观察点的坐标；

　　　l——积分路径。

$$\xi = t' - a\sqrt{r^2 + (H - z)^2}, \quad t' = t + aR_0, \quad a = \frac{1}{C_p}$$

式（6-35）描述的是由爆炸震源引起的沿 z 轴负方向的扰动。

6.3.3
计算模型

根据爆炸等效荷载模型，把爆炸源简化为一个球形空腔。再根据弹性动力学中经典的 Lama 问题解，对爆破地震波在半无限介质自由表面的运动规律进行预测。

利用不完全分离变量法，用 w_r 和 w_z 分别表示自由表面的水平和垂直两个方向的位移矢量，进而研究由两个方向的位移矢量形成的位移场。

任意脉冲形式作用下，地表运动位移可表示为：

$$w(r, z, t) = \int_0^t f_1(t - \tau) w_\varepsilon(r, z, \tau) \, d\tau \qquad (6\text{-}36)$$

式中　$w_\varepsilon(r, z, t)$ ——按照单位跃迁函数 $\varepsilon(t)$ 变化的集中源扰动作用时的解；

$f_1(t - \tau)$ ——按由基本集中震源向其他源过渡公式。

$$f_1(\tau) = f(\tau) - \int_0^\tau f(s) \exp[-(\tau - s)] \, ds \qquad (6\text{-}37)$$

$$t = \frac{t^* C_p}{R_0}, \quad \tau = \frac{\tau^* C_p}{R_0}$$

式中，t^* 和 τ^* 从爆炸过程的起点开始算起。

基本脉冲扰动下，水平和竖直方向的地表位移可以表示为[106, 107]：

$$w_\varepsilon = w_{0\varepsilon} + w_{R\varepsilon} + w_{\lambda\varepsilon} \qquad (6\text{-}38)$$

式（6-38）中的每一项也可以表示为：

$$w_\varepsilon = \frac{k}{t} U_i(\xi, \eta, \gamma) \qquad (6\text{-}39)$$

$$k = \frac{u_0 R_0}{C_s}$$

式中，$i = 0, R, \lambda$；$\xi = \dfrac{r}{C_p t^*}$；$\eta = \dfrac{H}{C_p t^*}$。

所以水平方向的地表位移表示为：

$$w_{r\varepsilon} = \frac{k}{t}(U_{r0} + U_{rR} + U_{r\lambda}) \qquad (6\text{-}40)$$

垂直方向的地表位移表示为：

$$w_{z\varepsilon} = \frac{k}{t}(U_{z0} + U_{zR} + U_{z\lambda}) \qquad (6\text{-}41)$$

设 $\gamma = \dfrac{C_s}{C_p}$，$a = \dfrac{1}{C_p}$，则 w_r 分量的具体形式为：

$$U_{r0} = \frac{\gamma}{1-\gamma^2} \times \frac{\xi}{(\xi^2 + \eta^2)^{\frac{3}{2}}} \qquad (6\text{-}42)$$

$$U_{rR} = \frac{4\sqrt{1-\vartheta^2}}{\xi d_1 \sqrt{\rho}}\left(\eta\sqrt{1-\gamma^2\vartheta^2}\sin\frac{\varphi}{2} + \frac{v_r}{C_p}\cos\frac{\varphi}{2}\right) \qquad (6\text{-}43)$$

其中：

$$\rho = \sqrt{\left[\xi^2 + \eta^2(1-\gamma^2\vartheta^2) - v_r^2 a^2\right]^2 + 4v_r^2 a^2 \xi^2(1-\gamma^2\vartheta^2)}$$

$$\varphi = \arctan\left(\frac{2v_r a\eta\sqrt{1-\gamma^2\vartheta^2}}{a^2 v_r^2 - \xi^2 - \eta^2(1-\gamma^2\vartheta)} + \frac{\pi}{2}\right)$$

$$v_r = \vartheta C_s$$

$$a = \frac{1}{C_p}$$

$$d_1 = 4\left(2 - \vartheta^2 - \gamma^2\frac{\sqrt{1-\vartheta^2}}{\sqrt{1-\gamma^2\vartheta^2}} - \frac{\sqrt{1-\gamma^2\vartheta^2}}{\sqrt{1-\vartheta^2}}\right)$$

ϑ 为下列方程的解：

$$(2-\vartheta)^2 = 4\sqrt{1-\vartheta^2}\sqrt{1-\gamma^2\vartheta^2}$$

$$U_{r\lambda} = -\frac{4}{\pi\xi}\int_1^{\frac{1}{\gamma}}\frac{(2-\lambda^2)^2\sqrt{\lambda^2-1}}{(2-\lambda^2)^4 + 16(\lambda^2-1)(1-\gamma^2\lambda^2)}$$

$$\left(\eta\sqrt{1-\gamma^2\lambda^2}\sin\frac{\varphi_1}{2} + \gamma\lambda\cos\frac{\varphi_1}{2}\right)\frac{\mathrm{d}\lambda}{\sqrt{\rho_1}} \qquad (6\text{-}44)$$

w_z 分量的具体形式为：

$$U_{z0} = -\frac{\gamma}{1-\gamma^2} \times \frac{\eta}{(\xi^2 + \eta^2)^{\frac{3}{2}}} \qquad (6\text{-}45)$$

$$U_{zR} = \frac{2-\vartheta^2}{d_1\sqrt{\rho}}\sin\frac{\varphi}{2} \qquad (6\text{-}46)$$

$$U_{z\lambda} = -\frac{8}{\pi}\int_1^{\frac{1}{\gamma}}\frac{(2-\lambda^2)\sqrt{\lambda^2-1}\sqrt{1-\gamma^2\lambda^2}}{(2-\lambda^2)^4 + 16(\lambda^2-1)(1-\gamma^2\lambda^2)}\sin\frac{\varphi_1}{2} \times \frac{\mathrm{d}\lambda}{\sqrt{\rho_1}}$$

$$(6\text{-}47)$$

其中：

$$\rho_1 = \sqrt{\left[\xi^2 + \eta^2(1-\gamma^2\lambda^2) - (\lambda C_s)^2 a^2\right]^2 + 4(\lambda C_s)^2 a^2 \xi^2(1-\gamma^2\lambda^2)}$$

$$\phi_1 = \arctan\left[\frac{2(\lambda C_s)a\eta\sqrt{1-\gamma^2\lambda^2}}{a^2(\lambda C_s)^2 - \xi^2 - \eta^2(1-\gamma^2\lambda^2)}\right] + \frac{\pi}{2}$$

式（6-36）～式（6-47）即为弹性半空间中自由表面振动的计算模型，根据以上方程组，可以计算爆破地震波在半无限介质自由表面的水平位移和垂直位移，对爆破地震波在半无限介质自由表面的运动规律进行预测。

6.4
工程实例计算与分析

为了进一步研究在浅埋地下爆炸作用下，岩土体中出现的波动过程，根据第 6.3 节建立的计算模型，本小节通过分析研究浅埋爆炸作用下，地震波在半无限介质自由表面运动的水平位移和垂直位移，对地震波在半无限介质自由表面的运动规律进行预测。

6.4.1
工程实例计算

本实例为青岛市经济技术开发区的一个水库扩容爆破施工监测项目。该爆破区的基岩大部分为微风化岩石（花岗岩），岩体比较完整，无明显的节理和断层带。该次爆破采用 TNT 炸药，炸药的密度为 1500kg/m^3，爆轰速度为 3800m/s；装药半径为 0.05m，孔距约 1.5m，孔深为 2.2m，排距为 1.1m。

花岗岩的基本参数为：岩石的介质密度 $\rho_0 = 2650\text{kg/m}^3$，泊松比 $\nu = 0.3$，弹性模量 $E = 62\text{GPa}$，纵波波速为 4600m/s。

本次实例计算取 200kg 炸药 TNT 进行计算分析，装药半径 R_d 为 0.05m。

$$R_0 = kR_d \tag{6-48}$$

式中　R_0——破坏区半径；

　　　k——比例系数。

根据文献[108]，对于一般较硬的岩石，破坏区半径为装药半径的 20～22 倍。由于该次爆破监测项目的基岩为微风化岩石，所以此处 k 取 23，即：

$$R_0 = 23R_d \tag{6-49}$$

根据式（6-26），取速度形式作为震源函数，即：

$$u_r = u_0 f(t)$$

式中，u_0 取值为 10m/s。

根据文献[109]的研究成果，取速度时程函数 $f(t)$ 为：

$$f(t) = e^{-\alpha t} \sin(\omega t) \tag{6-50}$$

式中　ω——空腔的自振频率，可根据弹性解公式 $\omega = \dfrac{2\sqrt{2}C_p}{3R_0}$ 进行计算；

α——衰减系数，根据实际地震波形来确定，可根据公式 $\alpha = \dfrac{C_p(1-2v)}{R_0(1-v)}$ 进行计算。

代入计算求得：$\omega = \dfrac{2\sqrt{2}C_p}{3R_0} = 3771 \text{ s}^{-1}$，$\alpha = \dfrac{C_p(1-2v)}{R_0(1-v)} = 2285$。

将该数据代入式（6-50）得：

$$f(t) = e^{-\alpha t} \sin(\omega t) = e^{-2285t} \sin(3771t) \tag{6-51}$$

把 $f(t)$ 代入式（6-26）得：

$$u_r = 10 \times e^{-2285} \sin(3771t) \tag{6-52}$$

把式（6-36）~式（6-47）进行联立，然后利用 MATLAB 语言编程进行计算，可以得到爆破地震波在自由表面的水平位移和垂直位移。

下面选取具体数值，对不同爆心距处和不同埋深的位移场进行比较，计算 $r = 2R_0$ 和 $r = 8R_0$ 在三个不同埋深处（$H/R_0 = 1$、$H/R_0 = 2$ 和 $H/R_0 = 3$）的爆破振动并绘制其在自由表面的水平位移曲线图和垂直位移曲线图。计算结果见图 6-3~图 6-8。

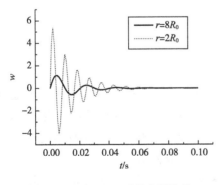

图 6-3　$H/R_0 = 1$ 时的水平位移

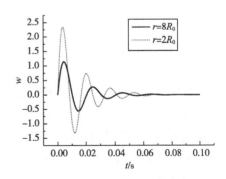

图 6-4　$H/R_0 = 2$ 时的水平位移

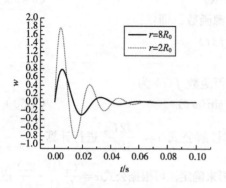

图 6-5　$H/R_0 = 3$ 时的水平位移

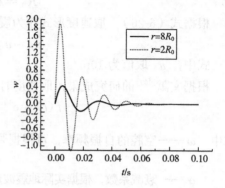

图 6-6　$H/R_0 = 1$ 时的垂直位移

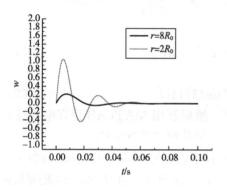

图 6-7　$H/R_0 = 2$ 时的垂直位移

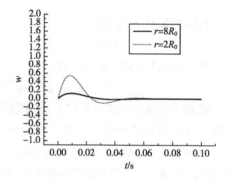

图 6-8　$H/R_0 = 3$ 时的垂直位移

6.4.2

计算结果分析

根据图 6-3～图 6-8 可知，用 MATLAB 编程计算得到的解析结果清晰地体现了浅埋地下爆炸作用下，爆破地震波在地表面形成的水平位移和垂直位移。

爆破地震波在地表面形成的位移场中，当爆破震源在同一个埋深处时，水平方向的运动和垂直方向的运动具有大致相近的衰减规律：随着爆破地震波传播距离的增加，水平方向和垂直方向的位移均减小，但垂直方向的位移比水平方向的位移衰减得快。

比较不同埋深处的爆破震源，从自由表面形成的位移场可以看出，随着爆破震源埋深的增加，水平方向的位移和垂直方向的位移均减小。

爆破地震波在岩体介质中的传播，是由纵波、横波、反射波、折射波和直达波等多波组成的复杂振动。该复杂振动受多种因素的影响：第一种因素是爆破地震波自身因素，随着传播距离的增加，上面所列出的多种波之间就会发生相加叠加或相减叠加，所以爆破地震波的幅值、频率等波形参数就会随时间发生变化；第二种因素是岩体介质，实际的岩体介质是含有不连续的结构面和物理性质不均匀的介质体。

当爆破地震波在岩体介质中传播时，会产生内摩擦现象。所以爆破地震波的传播是一种能量衰减的过程。

综上所述，用 MATLAB 编程计算得到的结果是正确的，符合地震波在岩体介质中的传播规律。

6.5

小结

本章主要根据弹性动力学、岩石动力学、爆炸力学等理论，再根据爆破地震波位移势函数的特点，利用复合函数与积分变换和分离变量的方法，建立浅埋爆炸作用下，爆破地震波在半无限介质自由表面运动的计算模型，并通过工程实例计算与分析，对爆破地震波在半无限介质自由表面的运动规律进行预测。主要工作如下：

① 首先详细介绍了傅里叶变换和拉普拉斯变换，为后面的理论分析和数学模型的建立提供了扎实的理论基础。

② 为方便解决无限域或半无限域的动力问题，本文采用不完全分离变量法，其原理是：首先对方程或方程组中的空间坐标采用傅里叶变换，然后对时间变量进行拉普拉斯变换——在弹性理论问题中对波动方程或者方程组建造边值问题解的不完全分离变量法的实质，利用该方法推导出波动方程的解。

③ 为了更好地研究在浅埋地下爆炸作用下，岩体中出现的波动过程，将爆炸力学、弹性动力学和高等数学的基本理论知识进行有效结合，根据爆炸等效荷载模型，把爆炸源简化为一个膨胀空腔。再根据弹性动力学中经典的 Lama 问题解，对爆破地震波在弹性半空间内的运动进行研究，建立了在浅埋爆炸作

用下，地震波在半无限介质自由表面运动的计算模型，为进一步研究爆炸地震波在半无限介质自由表面运动规律的实例分析提供了理论基础。

④ 为了进一步研究在浅埋地下爆炸作用下，岩土体中出现的波动过程，根据第 6.3 节的计算模型，用 MATLAB 编程进行求解计算。主要研究在浅埋爆炸作用下，地震波在半无限介质自由表面运动的水平位移和垂直位移，对地震波在半无限介质自由表面的运动规律进行预测。

得到如下结论：

根据图 6-3～图 6-8 可知，用 MATLAB 编程计算得到的解析结果清晰地体现了在浅埋地下爆炸作用下，爆破地震波在地表面形成的位移场。

爆破地震波在地表面形成的位移场中，当爆破震源在同一个埋深处时，水平方向的运动和垂直方向的运动具有大致相近的衰减规律：随着爆破地震波传播距离的增加，水平方向和垂直方向的位移均减小，但垂直方向的位移比水平方向的位移衰减得快。

根据图 6-3～图 6-8，比较不同埋深处的爆破震源，从自由表面形成的位移场可以看出，随着爆破震源埋深的增加，水平方向的位移和垂直方向的位移均减小。

最后分析了用 MATLAB 编程计算得到的结果是正确的，符合地震波在岩体介质中的传播规律。

第7章

基于动力有限元ANSYS/LS-DYNA的爆破振动响应

当今，随着国民经济的持续、快速发展和大量基础建设的增加，工程爆破技术已经被深入应用到国民经济建设的各个领域中。工程爆破的应用范围已由最初的修路、开矿等发展到今天的大型建（构）筑物的拆除、地下大型超市与停车场的建设等空间的综合开发利用；随之相应地，爆破的环境也距离人们的生活居住区越来越近。框架结构小高层是当今城市住宅建筑中常见的结构形式。

在当今建设和谐小康社会的大环境下，随着人们环保意识的日益增强和工程爆破技术应用领域的不断扩大，对框架结构小高层爆破振动的动力响应进行研究分析，具有重要的现实意义。

在我国颁布实施的《爆破安全规程》（GB 6722—2014）中，爆破振动安全判据的新标准中增加了"振动频率"这一参数，利用保护对象所在地的主振频率和振速两个参数作为爆破振动安全判据的标准。但是，在实际爆破工程的应用分析中，给结构进行爆破振动作用下的安全评估带来了一定的难度。因而很有必要对比分析不同方向的单向爆破地震单独作用和三向爆破地震共同作用对结构小高层的动力响应，确定爆破振动安全判据中速度的标准。

本章将以一个十一层框架结构小高层为研究对象，利用 ANSYS/LS-DYNA 动力有限元程序，建立三维空间实体有限元模型，通过在该框架结构底部输入不同频段的实测爆破地震波，对比不同方向的单向爆破地震单独作用和三向爆破地震共同作用对十一层框架结构小高层的动力响应，从爆破地震波作用下的应力响应和加速度响应两个方面对结构进行爆破振动响应分析。

7.1
ANSYS/LS-DYNA
的算法基础

7.1.1
引言

LS-DYNA 是世界上著名的以显式为主，隐式为辅的通用非线性动力分析有限元程序，其内部功能齐全，包括几何非线性（大位移、大转动和大应变）、接触非线性（50多种）和材料非线性（140多种材料动态模型）等程序[110,111]。

LS-DYNA是工程研究领域最通用的结构分析非线性有限元程序，该程序包含Lagrangian算法、ALE算法和Euler算法，其中Lagrangian算法是主要的算法。该程序能对静力、非线性动力进行分析，其中主要进行非线性动力分析；能进行隐式、显式求解，其中主要进行显式求解；能进行结构分析和热分析，其中结构分析是主要的分析。

LS-DYNA是工程领域认定的最佳分析软件包之一，在工程领域中有着非常广泛的应用，例如：地震动模拟、汽车安全性设计、武器系统设计、金属成形、跌落仿真等领域。

7.1.2
有限元思想

有限元分析是一种模拟设计载荷条件，并且确定在载荷条件下各类响应的方法。它用称为"单元"的离散块体来模拟实物。模型中所有单元响应的"和"给出了设计的总体响应。单元中未知量的个数是有限的，因此称为有限单元。

有限单元建立在固体流动变分原理基础之上。被分析物体离散成许多小单元后，给定边界条件、载荷和材料特性，求解线性或非线性方程组，就可以得到分析对象的位移、应力、应变、内力等结果。借助现代的计算机技术，这些步骤都可以较快完成，并可使用图形技术显示计算结果。

7.1.3
计算流程

第1步：前处理

① 定义单元类型。选择单元的基本原则是在满足求解精度的前提下尽量采用低维数的单元，即选择单元优先级从高到低依次为点、线、面、壳、实体。在ANSYS单元库中，有180多种单元类型，每个单元类型都有一个特定的编号，作为标识单元类别的前缀。

② 定义材料属性。每一组材料特性都有一个材料编号，与材料特性组对应的材料编号表称为材料表。在一个分析中，可以有多个材料特性组，相应的模型中有多种材料，ANSYS 通过独特的编号来识别每个材料的特性组。

③ 建立实体模型（或者读入 CAD 模型）。

④ 进行有限元网格划分。

⑤ 生成 PART。

⑥ 接触设定。

⑦ 约束、加载和初始速度定义。

⑧ 边界条件设定。

⑨ 设置求解相关控制参数。

⑩ 输出控制设定。

⑪ 生成和修改完善 LS-DYNA 输入数据文件（关键字文件）。

第 2 步：求解

通过 GUI 或者 DOS 方式，将数据输入文件递交给 LS-DYNA971 求解器进行计算。

显式动力分析的实质就是通过 ANSYS、 PATRAN 等前处理器创建分析对象的 CAD 模型，将其转化为由节点和单元组成的有限元模型，施加边界条件、约束和载荷，输出一个 LS-DYNA 的递交文件（ASCⅡ码格式 K 文件），然后调用 DYNA 求解器进行求解；求解完毕，通过 ANSYS、 LS-PREPOST 后处理器提取、分析结果。不论使用何种前处理器构成 LS-DYNA 有限元模型，最终都要转化为 K 文件格式。

第 3 步：后处理

后处理是指检查并分析求解结果的相关操作。查看分析结果可以使用两个后处理器：POST1（通用后处理器）和 POST26（时间历程后处理器）。在 POST1 中可以查看整个模型在某一载荷步和子步（或对某一特定时间点或频率）的结果。运用该模块可以获得各种应力场、应变场及温度场的等值线图形显示、变形形状显示以及检查和解释分析的结果列表。 POST1 也可提供很多其他的功能，如误差估计、荷载工况组合、结果数据的计算和路径操作等。在 POST26 中可以查看模型某一节点的某一结果项相对于时间、频率或其他结果项的变化，获得结果数据对时间或频率的关系图形曲线及列表，如绘制位移-时间曲线，应力-应变曲线等。另外 POST26 还具有很多其他的功能：可以进行曲线的代数运算，变量之间可以进行加、减、乘、除运算以产生新的曲线；也可以取绝对值、平方根、对数、指数以及最大值和最小值等；还可以对曲线进行微积分运算；并且能够从时间历程结果中生成谱响应。

7.1.4
控制方程

在 LS-DYNA3D 程序中，描述增量法的算法主要采用 Lagrangian[112]。

（1）质点对应的运动方程

设 X_i （$i=1, 2$）为初始时刻的质点坐标，对于任意时刻 t，x_i（$i=1, 2$）为质点坐标。质点对应的运动方程为：

$$x_i = x_i(X_j, t) \qquad i=1, 2 \tag{7-1}$$

$t=0$ 时的初始条件为：

$$x_i(X_j, 0) = X_i \tag{7-2}$$

$$\dot{x}_i(X_j, 0) = V_i(X_j, 0)$$

式中　V_i——初始速度。

（2）运动方程

$$M\ddot{x}(t) = P - F + H - C\dot{x} \tag{7-3}$$

该运动方程考虑了阻尼的影响。

（3）力边界条件

$$\sigma_{ij}n_j = t_i(t) \tag{7-4}$$

式中　n_j（$j=1, 2$）——构形边界的外法线方向余弦；

　　　t_i（$i=1, 2$）——受力荷载。

（4）位移边界条件

$$x_i(X_j, t) = K_i(t) \tag{7-5}$$

式中　$K_i(t)$——给定的位移函数（$i=1, 2$）。

（5）质量守恒方程

$$\rho = J\rho_0 \tag{7-6}$$

式中　ρ_0——初始质量密度；

　　　ρ——当前质量密度。

（6）动量方程

$$\sigma_{ij,j} + \rho f_i = \rho \ddot{x}_i \tag{7-7}$$

式中　σ_{ij}——柯西应力；

　　　f_i——单位质量体积力；

　　　$\ddot{x}_i$——加速度。

（7）能量方程

$$\dot{E} = VS_{ij}\,\dot{\varepsilon}_{ij} - (p+q)V \tag{7-8}$$

式中　p——压力；

　　　q——体积黏性阻力；

　　　$\dot{\varepsilon}_{ij}$——应变率张量；

　　　S_{ij}——偏应力；

　　　V——限时构形的体积。

$$S_{ij} = \sigma_{ij} + (p+q)\,\sigma_{ij} \tag{7-9}$$

$$p = -\frac{1}{3}\,\sigma_{kk} - q \tag{7-10}$$

该能量方程用于状态方程计算和总的能量平衡。

7.1.5
时间积分和步长控制

LS-DYNA3D 程序中的时间积分采用显式中心差分法，但是显式中心差分法是有条件稳定的。在 LS-DYNA3D 程序中采用变时步长增量解法。每一时刻的时步长由当前构成的稳定性条件控制，其算法如下。

先计算每一个单元的极限时步长 Δt_{ei}（$i=1,2,3\cdots$）（显式中心差分法稳定性条件允许的最大时步长），下一时步长 Δt 取其极小值，即：

$$\Delta t = \min(\Delta t_{e1},\ \Delta t_{e2},\ \cdots,\ \Delta t_{em}) \tag{7-11}$$

式中　Δt_{ei}——第 i 个单元的极限时步长；

　　　m——单元数目。

各种单元类型的极限时步长 Δt 采用不同的算法，例如，杆单元和梁单元：

$$\Delta t_e = \alpha\left(\frac{L}{c}\right) \tag{7-12}$$

式中　α——时步因子，取值为 0.9；

　　　L——杆单元和梁单元长度；

　　　c——材料的声速，$c = \sqrt{\dfrac{E}{\rho}}$。

三维实体单元：

$$\Delta t_e = \frac{\alpha L_e}{\left[Q + (Q^2 + c^2)^{0.5}\right]} \tag{7-13}$$

$$Q = \begin{cases} c_1 c + c_0 L_e |\dot{\varepsilon}_{kk}| & \dot{\varepsilon}_{kk} < 0 \\ 0 & \dot{\varepsilon}_{kk} \geqslant 0 \end{cases}$$

式中 L_e——特征长度，对于 8 节点实体单元，$L_e = V_e / A_{e\max}$，对于 4 节点
实体单元，$L_e =$ 最小高度；

V_e——单元体积；

$A_{e\max}$——单元最大一侧的面积；

c_1、c_0——无量纲常数，取值分别为 $c_1 = 1.5$，$c_0 = 0.06$；

c——材料的声速，弹性材料为 $c = \sqrt{\dfrac{E(1-\mu)}{(1+\mu)(1-\mu)}\rho}$；

E——杨氏模量；

μ——泊松比；

ρ——当时的质量密度。

显式中心差分法的运算原理为：

$$\ddot{x}(t_n) = M^{-1}\left[P(t_n) - F(t_n) + H(t_n) - c\dot{x}\left(t_{n-\frac{1}{2}}\right)\right] \qquad (7\text{-}14)$$

$$\dot{x}\left(t_{n+\frac{1}{2}}\right) = \dot{x}\left(t_{n-\frac{1}{2}}\right) + \frac{1}{2}(\Delta t_{n-1} + \Delta t_n)\ddot{x}(t_n)$$

$$\dot{x}(t_{n+1}) = \dot{x}(t_n) + \Delta t_n \dot{x}\left(t_{n+\frac{1}{2}}\right)$$

式中，$\Delta t_{n-1} = (t_n - t_{n-1})$，$\Delta t_n = (t_{n+1} - t_n)$，$t_{n-\frac{1}{2}} = \frac{1}{2}(t_n + t_{n-1})$，

$t_{n+\frac{1}{2}} = \frac{1}{2}(t_{n+1} + t_n)$，$\ddot{x}(t_n)$、$\dot{x}\left(t_{n+\frac{1}{2}}\right)$、$x(t_{n+1})$ 分别是 t_n 时刻的节点加速
度矢量、$t_{n+\frac{1}{2}}$ 时刻的节点速度矢量和 t_{n+1} 时的节点坐标矢量。

7.2

框架结构小高层的爆破
振动响应

爆破地震波是包含 $0 \sim +\infty$ Hz 多种频率成分的连续谱，其中有一个或几个
为主要频率成分。不同频率成分对人员、建筑物的振动响应差别非常大，这种
差别尤其表现在对建筑物的振动响应上。

本节将以一个十一层框架结构小高层为研究对象，利用 ANSYS/LS-DYNA 动力有限元分析软件，建立三维空间实体有限元模型，通过在该框架结构底部输入不同频段的实测爆破地震波，对比不同方向的单向爆破地震单独作用和三向爆破地震共同作用对十一层框架结构小高层的动力响应，从爆破地震波作用下的应力响应方面对结构进行爆破地震动力响应分析。

7.2.1
有限元计算模型

选用一个十一层框架结构小高层建立计算模型。该框架结构的柱距为 7.4m，两个跨度均为 8.4m，总跨度为 16.8m，墙体的厚度为 200mm，层高均为 3m，总高度为 33m，楼板的厚度为 100mm，框架结构中梁的横截面尺寸为 200mm×400mm，柱子的横截面尺寸为 400mm×400mm。该十一层框架结构的平面图如图 7-1 所示。

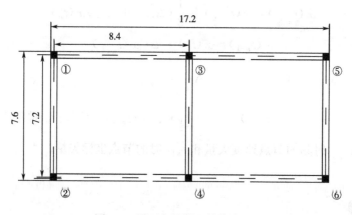

图 7-1　平面布置图（单位：m）

利用 ANSYS/LS-DYNA 动力有限元分析软件建立有限元计算模型，在建模时楼板、构造柱、主梁与圈梁均采用 SOLID164 单元类型，选用 20~80cm 的网格尺寸对有限元模型进行划分，该有限元模型被网格尺寸划分后的单元总数为 97548 个。

选择十一层框架结构的长度方向为 X 方向，结构的高度方向为 Y 方向，结构的宽度方向为 Z 方向，建立三维有限元模型，见图 7-2。

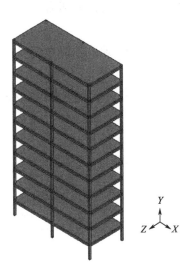

图 7-2 十一层框架结构有限元模型

7.2.2
结构动力响应分析

单向爆破地震作用和三向爆破地震作用是两个完全不同的概念。为了比较单向爆破地震作用和三向爆破地震作用下框架结构的动力响应，下面将分别选用高频、中频和低频三个不同频段的爆破振动实测信号，在框架结构底部作为一致性激励荷载输入，然后对十一层框架结构进行动力响应分析。分析时选用的模型材料为钢筋混凝土，依据弹性材料模型的相关参数，泊松比取值为0.2，弹性模量取值为3.0×10^{10} Pa，密度取值为2500kg/m³。

7.2.2.1 高频爆破地震实测信号荷载作用

选用主频为264.097Hz，速度峰值为15.35cm/s的高频爆破振动实测信号，在框架结构底部输入爆破地震实测信号荷载，计算不同工况下单元的有效应力。具体的工况如下：

① 工况1：主频为264.097Hz，速度峰值为15.35cm/s的高频爆破振动速度荷载单独作用于X方向上；

② 工况2：主频为264.097Hz，速度峰值为15.35cm/s的高频爆破振动速度荷载单独作用于Y方向上；

③ 工况 3：主频为 264.097Hz，速度峰值为 15.35cm/s 的高频爆破振动速度荷载单独作用于 Z 方向上；

④ 工况 4：主频为 264.097Hz，速度峰值为 15.35cm/s 的高频爆破振动速度荷载同时作用于 X, Y, Z 三个方向上。

高频爆破地震实测信号作用下各种工况的单元最大有效应力图，见图 7-3～图 7-6。

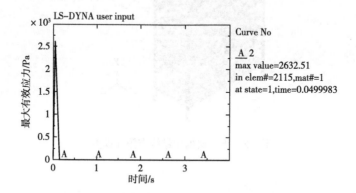

图 7-3　2115# 单元在工况 1 作用时的应力时程曲线

max value：最大值；in elem#：单元号；at state：工况；mat#：楼层数

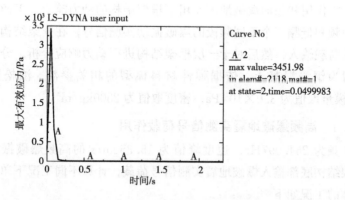

图 7-4　2118# 单元在工况 2 作用时的应力时程曲线

max value：最大值；in elem#：单元号；at state：工况；mat#：楼层数

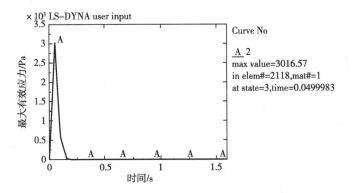

图 7-5   2118♯ 单元在工况 3 作用时的应力时程曲线

max value：最大值；in elem♯：单元号；at state：工况；mat♯：楼层数

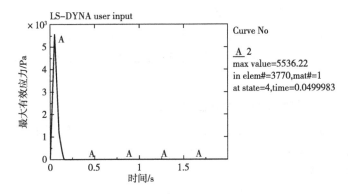

图 7-6   3770♯ 单元在工况 4 作用时的应力时程曲线

max value：最大值；in elem♯：单元号；at state：工况；mat♯：楼层数

为了便于分析，归纳以上计算结果，见表 7-1。

表 7-1   高频爆破地震实测信号作用下十一层框架结构的动力响应

工况/264.097Hz	发生的时间/s	具体的单元号	位置	最大有效应力/Pa
单独作用 X 方向	0.0499983	2115	一层柱底	2632.51
单独作用 Y 方向	0.0499983	2118	一层柱底	3451.98
单独作用 Z 方向	0.0499983	2118	一层柱底	3016.57
同时作用在 XYZ 方向	0.0499983	3770	一层柱底	5536.22

通过图 7-3～图 7-6 和表 7-1，可以得出在框架结构底部输入高频爆破地震实测信号荷载时的动力响应结论：

① 同一高频爆破地震实测信号荷载单独作用于框架结构底部的不同方向时，在结构中产生的最大有效应力的数值大小是不同的，而且高频爆破地震单独作用于竖直 Y 方向时的应力最大为 3451.98 Pa，其大小顺序依次是：爆破地震实测信号荷载单独作用于竖直 Y 方向的应力＞单独作用于水平 Z 方向的应力＞单独作用于水平 X 方向的应力。

② 三向爆破地震实测信号荷载作用时的最大有效应力为 5536.22 Pa，大于爆破荷载单独作用于任一方向的应力。

即框架结构在三向爆破地震实测信号荷载共同作用下的动力响应最大，易产生破坏，在对结构进行爆破地震动作用下的安全评估时应考虑三向爆破地震作用。

③ 在该高频爆破地震实测信号荷载下的以上四种工况中，框架结构中单元最大有效应力发生的时间相同，均为 0.0499983s。

④ 在该高频爆破地震实测信号荷载下的以上四种工况中，框架结构中单元最大有效应力发生的大体位置均在一层柱的底部，但是具体位置的单元号不一样。

7.2.2.2 中频爆破地震实测信号荷载作用

选用主频为 48.23Hz，速度峰值为 3.29cm/s 的中频爆破振动实测信号，在框架结构底部输入中频爆破地震实测信号荷载，计算不同工况下单元的有效应力。具体的工况如下：

① 工况 5：主频为 48.23Hz，速度峰值为 3.29cm/s 的中频爆破振动速度荷载单独作用于 X 方向上。

② 工况 6：主频为 48.23Hz，速度峰值为 3.29cm/s 的中频爆破振动速度荷载单独作用于 Y 方向上。

③ 工况 7：主频为 48.23Hz，速度峰值为 3.29cm/s 的中频爆破振动速度荷载单独作用于 Z 方向上。

④ 工况 8：主频为 48.23Hz，速度峰值为 3.29cm/s 的中频爆破振动速度荷载同时作用于 X, Y, Z 三个方向上。

中频爆破地震实测信号作用下各种工况的单元最大有效应力图，见图 7-7～图 7-10。

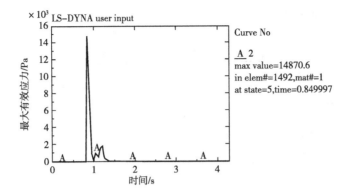

图 7-7　1492# 单元在工况 5 作用时的应力时程曲线

max value：最大值；in elem#：单元号；at state：工况；mat#：楼层数

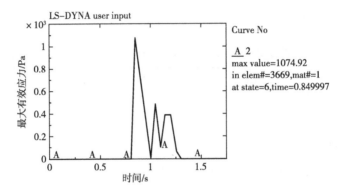

图 7-8　3669# 单元在工况 6 作用时的应力时程曲线

max value：最大值；in elem#：单元号；at state：工况；mat#：楼层数

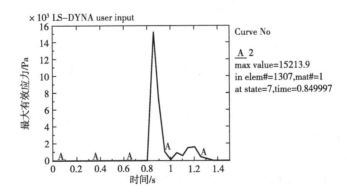

图 7-9　1307# 单元在工况 7 作用时的应力时程曲线

max value：最大值；in elem#：单元号；at state：工况；mat#：楼层数

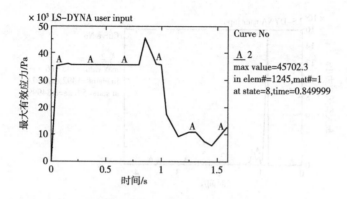

图 7-10　1245# 单元在工况 8 作用时的应力时程曲线

max value：最大值；in elem#：单元号；at state：工况；mat#：楼层数

为了便于分析，归纳以上计算结果，见表 7-2。

表 7-2　中频爆破地震实测信号作用下十一层框架结构的动力响应

工况/48.23Hz	发生的时间/s	具体的单元号	位置	最大有效应力/Pa
单独作用 X 方向	0.849997	1492	一层柱顶	14870.6
单独作用 Y 方向	0.849997	3669	一层柱顶	1074.92
单独作用 Z 方向	0.849997	1307	一层柱顶	15213.9
同时作用在 XYZ 方向	0.849999	1245	一层柱顶	45702.3

通过图 7-7～图 7-10 和表 7-2，可以得出在框架结构底部输入中频爆破地震实测信号荷载时的动力响应结论：

① 同一中频爆破地震实测信号荷载单独作用于框架结构底部的不同方向时，在结构中产生的最大有效应力的数值大小是不同的，而且中频爆破地震单独作用于水平 Z 方向时的应力最大为 15213.9 Pa，其顺序依次是：爆破地震实测信号荷载单独作用于水平 Z 方向的应力＞单独作用于水平 X 方向的应力＞单独作用于竖直 Y 方向的应力。

即在中频爆破地震实测信号荷载单独作用下，水平 Z 方向振动荷载对框架结构的动力影响较大。

② 三向爆破地震实测信号荷载作用时的最大有效应力为 45702.3 Pa，是该爆破地震荷载单独作用于水平 Z 方向时最大有效应力的 3.0040 倍，远大于爆破荷载单独作用于任一方向的应力。

即框架结构在三向中频爆破地震实测信号荷载共同作用下的动力响应最

大，极易产生破坏，在对结构进行爆破地震动作用下的安全评估时应考虑三向爆破地震作用。

③ 在该中频爆破地震实测信号荷载单独作用于 X 方向、Y 方向或 Z 方向的任一种工况下，框架结构中单元最大有效应力发生的时间相同，均为 0.849997s。三向爆破地震实测信号荷载作用时，框架结构中单元最大有效应力发生的时间为 0.849999s。

④ 在该中频爆破地震实测信号荷载下的以上四种工况中，框架结构中单元最大有效应力发生的大体位置均在一层柱的顶部，但是具体位置的单元号均不一样。

7.2.2.3　低频爆破地震实测信号荷载作用

选用主频为 15.00Hz，速度峰值为 1.01cm/s 的低频爆破振动实测信号，在框架结构底部输入低频爆破地震实测信号荷载，计算不同工况下单元的有效应力。具体的工况如下：

① 工况 9：主频为 15.00Hz，速度峰值为 1.01cm/s 的低频爆破振动速度荷载单独作用于 X 方向上。

② 工况 10：主频为 15.00Hz，速度峰值为 1.01cm/s 的低频爆破振动速度荷载单独作用于 Y 方向上。

③ 工况 11：主频为 15.00Hz，速度峰值为 1.01cm/s 的低频爆破振动速度荷载单独作用于 Z 方向上。

④ 工况 12：主频为 15.00Hz，速度峰值为 1.01cm/s 的低频爆破振动速度荷载同时作用于 X,Y,Z 三个方向上。

低频爆破地震实测信号作用下各工况的单元最大有效应力图，见图 7-11～图 7-14。

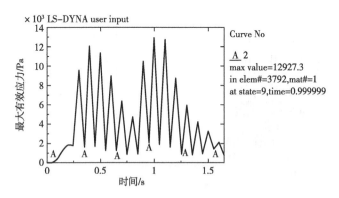

图 7-11　3792# 单元在工况 9 作用时的应力时程曲线

max value：最大值；in elem#：单元号；at state：工况；mat#：楼层数

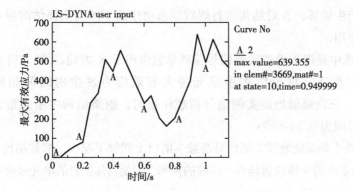

图 7-12　3669♯ 单元在工况 10 作用时的应力时程曲线

max value：最大值；in elem♯：单元号；at state：工况；mat♯：楼层数

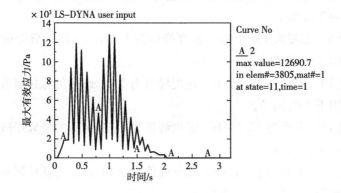

图 7-13　3805♯ 单元在工况 11 作用时的应力时程曲线

max value：最大值；in elem♯：单元号；at state：工况；mat♯：楼层数

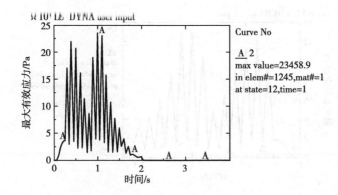

图 7-14　1245♯ 单元在工况 12 作用时的应力时程曲线

max value：最大值；in elem♯：单元号；at state：工况；mat♯：楼层数

154　浅埋地下爆破振动
预测技术

为了便于分析，归纳以上计算结果，见表7-3。

表 7-3 低频爆破地震实测信号作用下十一层框架结构的动力响应

工况/15Hz	发生的时间/s	具体的单元号	位置	最大有效应力/Pa
单独作用 X 方向	0.999999	3792	一层柱顶	12927.3
单独作用 Y 方向	0.949999	3669	一层柱顶	639.355
单独作用 Z 方向	1	3805	一层柱顶	12690.7
同时作用在 XYZ 方向	1	1245	一层柱顶	23458.9

通过图 7-11～图 7-14 和表 7-3，可以得出在框架结构底部输入低频爆破地震实测信号荷载时的动力响应结论：

① 同一低频爆破地震实测信号荷载单独作用于框架结构底部的不同方向时，在结构中产生的最大有效应力的数值大小是不同的，而且低频爆破地震荷载单独作用于水平 X 方向时的应力最大为 12927.3Pa，是该低频爆破地震荷载单独作用于竖直 Y 方向的 20.22 倍。其顺序依次是：爆破地震实测信号荷载单独作用于水平 X 方向的应力＞单独作用于水平 Z 方向的应力＞单独作用于竖直 Y 方向的应力。

即在低频爆破地震实测信号荷载单独作用下，水平振动荷载对框架结构的动力影响较大。

② 三向爆破地震实测信号荷载作用时的最大有效应力为 23458.9Pa，是该爆破地震荷载单独作用于竖直 Y 方向时最大有效应力的 36.69 倍，远大于爆破荷载单独作用于任一方向的应力。

即框架结构在三向低频爆破地震实测信号荷载共同作用下的动力响应最大，极易产生破坏，在对结构进行爆破地震动作用下的安全评估时必须考虑三向爆破地震作用。

③ 在该低频爆破地震实测信号荷载下的以上四种工况中，框架结构中单元最大有效应力发生的大体位置均在一层柱的顶部，但是具体位置的单元号均不一样。

④ 在该低频爆破地震实测信号荷载单独作用于 X 方向、Y 方向或 Z 方向的任一种工况下，框架结构中单元最大有效应力发生的时间都不相同。三向爆破地震实测信号荷载作用时与该荷载单独作用于 Z 方向时，框架结构中单元最大有效应力发生的时间相同，均为 1s。

综上可得，在爆破地震实测信号荷载作用下，不论是高频波、中频波还是低频波，框架结构在三向荷载共同作用时的动力响应最大，极易产生破坏，在对结构进行爆破地震动作用下的安全评估时必须考虑三向爆破地震作用，因此在爆破振动安全判据中速度的标准应选取三个方向的叠加速度。

7.3
爆破振动响应分析

本节仍以上一节建立的十一层框架结构小高层为研究对象，通过在该框架结构底部输入不同频段的实测爆破地震波，从该框架结构各楼层的加速度响应方面对结构进行爆破地震动力响应分析。

为了便于对十一层框架结构各楼层在不同频段实测爆破地震信号荷载下的加速度响应进行分析，在其有限元计算模型的一层柱子顶部、四层柱子顶部、八层柱子顶部和十一层柱子顶部各选取一个点，分别编号为 F1、F2、F3 和 F4，以上四个点在同一条竖直线上，四个点的投影在平面图中编号为⑥的柱子上，详见图 7-1。

7.3.1
高频段爆破地震信号

选用主频为 264.097Hz，速度峰值为 15.35cm/s 的高频爆破振动实测信号，在框架结构底部输入爆破地震实测信号荷载，计算不同工况下各楼层的加速度响应值。具体的工况如下：

① 工况 1：主频为 264.097Hz，速度峰值为 15.35cm/s 的高频爆破振动速度荷载单独作用于 X 方向上；

② 工况 2：主频为 264.097Hz，速度峰值为 15.35cm/s 的高频爆破振动速度荷载单独作用于 Y 方向上；

③ 工况 3：主频为 264.097Hz，速度峰值为 15.35cm/s 的高频爆破振动速度荷载单独作用于 Z 方向上；

④ 工况 4：主频为 264.097Hz，速度峰值为 15.35cm/s 的高频爆破振动速度荷载同时作用于 X, Y, Z 三个方向上。

高频爆破地震实测信号荷载作用下各工况四个点的加速度时程曲线，见图 7-15～图 7-26。

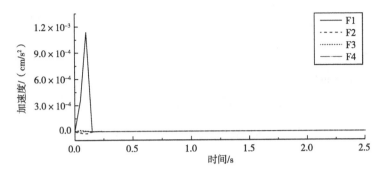

图 7-15　工况 1 作用时水平 X 方向加速度时程曲线

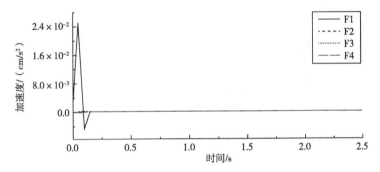

图 7-16　工况 1 作用时竖直 Y 方向加速度时程曲线

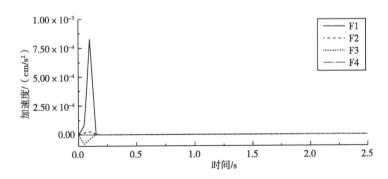

图 7-17　工况 1 作用时水平 Z 方向加速度时程曲线

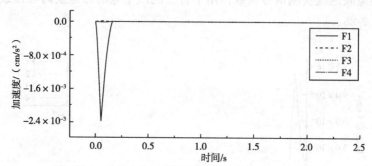

图 7-18　工况 2 作用时水平 X 方向加速度时程曲线

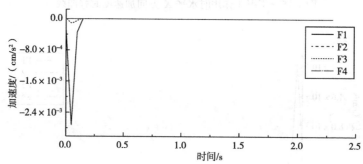

图 7-19　工况 2 作用时竖直 Y 方向加速度时程曲线

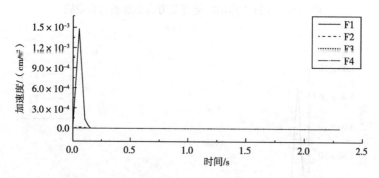

图 7-20　工况 2 作用时水平 Z 方向加速度时程曲线

　浅埋地下爆破振动
预测技术

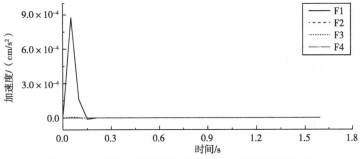

图 7-21　工况 3 作用时水平 X 方向加速度时程曲线

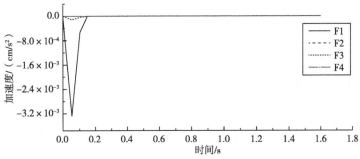

图 7-22　工况 3 作用时竖直 Y 方向加速度时程曲线

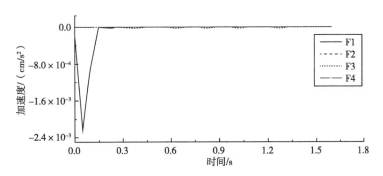

图 7-23　工况 3 作用时水平 Z 方向加速度时程曲线

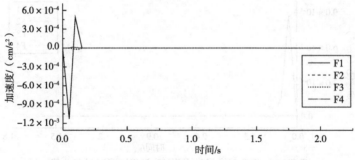

图 7-24　工况 4 作用时水平 X 方向加速度时程曲线

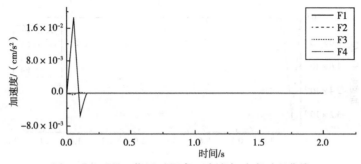

图 7-25　工况 4 作用时竖直 Y 方向加速度时程曲线

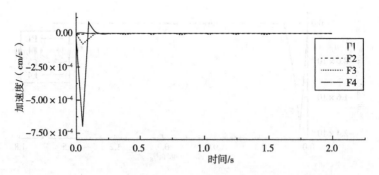

图 7-26　工况 4 作用时水平 Z 方向加速度时程曲线

　　为了便于分析，归纳以上高频爆破地震实测信号荷载作用下四种工况的十一层框架结构各楼层的加速度响应值，见表 7-4。

浅埋地下爆破振动
预测技术

表 7-4　高频爆破地震实测信号荷载作用下各楼层的加速度响应最大值　　单位：cm/s²

工况		一	二	三	四	五	六	七	八	九	十	十一
工况1	X方向	9.60×10^{-4}	1.14×10^{-4}	2.41×10^{-5}	9.37×10^{-6}	7.14×10^{-6}	6.83×10^{-6}	5.04×10^{-6}	4.18×10^{-6}	4.04×10^{-6}	3.44×10^{-6}	4.38×10^{-6}
	Y方向	2.53×10^{-4}	1.98×10^{-4}	1.25×10^{-4}	9.22×10^{-5}	6.72×10^{-5}	4.41×10^{-5}	3.98×10^{-5}	2.88×10^{-5}	2.01×10^{-5}	2.65×10^{-5}	2.97×10^{-5}
	Z方向	4.77×10^{-5}	4.58×10^{-6}	4.91×10^{-6}	3.64×10^{-6}	2.30×10^{-6}	1.79×10^{-6}	1.54×10^{-7}	8.89×10^{-7}	7.96×10^{-7}	1.00×10^{-6}	5.56×10^{-7}
工况2	X方向	4.66×10^{-5}	2.60×10^{-5}	1.26×10^{-5}	6.55×10^{-6}	8.77×10^{-6}	4.76×10^{-6}	2.00×10^{-6}	1.39×10^{-6}	8.44×10^{-7}	8.26×10^{-7}	2.15×10^{-7}
	Y方向	7.16×10^{-4}	4.43×10^{-4}	2.13×10^{-4}	2.29×10^{-5}	2.19×10^{-5}	9.58×10^{-5}	6.56×10^{-5}	5.68×10^{-5}	4.43×10^{-5}	4.21×10^{-5}	4.99×10^{-5}
	Z方向	2.08×10^{-5}	2.94×10^{-5}	1.27×10^{-5}	7.27×10^{-6}	7.01×10^{-6}	3.44×10^{-6}	2.05×10^{-6}	1.78×10^{-6}	1.16×10^{-6}	1.59×10^{-6}	6.30×10^{-7}
工况3	X方向	1.99×10^{-4}	1.79×10^{-5}	5.70×10^{-6}	2.86×10^{-6}	2.45×10^{-6}	2.35×10^{-6}	1.78×10^{-6}	1.12×10^{-6}	1.36×10^{-6}	1.28×10^{-6}	5.07×10^{-7}
	Y方向	3.29×10^{-4}	2.46×10^{-4}	1.57×10^{-4}	1.13×10^{-4}	8.14×10^{-5}	5.10×10^{-5}	4.89×10^{-5}	4.19×10^{-5}	3.37×10^{-5}	2.72×10^{-5}	2.90×10^{-5}
	Z方向	7.23×10^{-5}	8.97×10^{-5}	1.74×10^{-5}	1.01×10^{-5}	7.53×10^{-6}	6.02×10^{-6}	4.67×10^{-6}	4.65×10^{-6}	4.12×10^{-6}	3.35×10^{-6}	3.96×10^{-6}
工况4	X方向	1.19×10^{-3}	1.28×10^{-4}	2.67×10^{-5}	1.52×10^{-5}	1.29×10^{-5}	7.79×10^{-6}	6.49×10^{-6}	4.17×10^{-6}	5.10×10^{-6}	4.97×10^{-6}	4.57×10^{-6}
	Y方向	1.29×10^{-3}	8.62×10^{-4}	4.77×10^{-4}	4.27×10^{-4}	3.67×10^{-4}	1.82×10^{-4}	1.52×10^{-4}	1.26×10^{-4}	9.35×10^{-5}	9.24×10^{-5}	1.08×10^{-4}
	Z方向	7.75×10^{-4}	8.65×10^{-5}	2.41×10^{-5}	1.44×10^{-5}	1.18×10^{-5}	8.19×10^{-6}	5.47×10^{-6}	4.21×10^{-6}	4.42×10^{-6}	4.56×10^{-6}	4.15×10^{-6}

　　为了更直观地看出框架结构各楼层在高频爆破地震实测信号荷载作用下的加速度响应变化，根据第 7.2 节总结的规律，此处有代表性地选取工况 2 和工况 4 两个动力响应较大的工况，通过数据点折线图表示，见图 7-27、图 7-28。

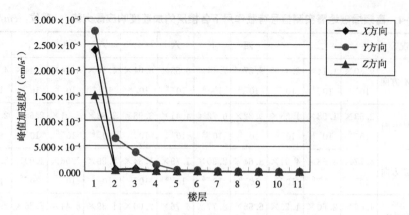

图 7-27　工况 2 作用时每层楼的加速度响应最大值曲线

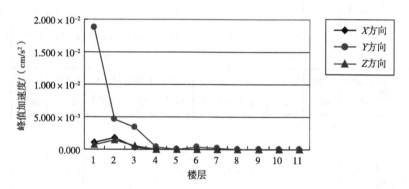

图 7-28　工况 4 作用时每层楼的加速度响应最大值曲线

　　通过图 7-15～图 7-28 和表 7-4，可以得出在框架结构底部输入高频爆破地震实测信号荷载时各楼层的加速度响应变化规律：

　　① 在高频爆破地震实测信号荷载作用下，框架结构在工况 4，即三向荷载共同作用下，各楼层的加速度响应值最大。

　　② 在高频爆破地震实测信号荷载作用下，比较工况 1、工况 2 和工况 3 可知，当单向荷载作用在任一方向上时，该方向的加速度响应大于其他两个方向的响应值。

　　③ 在高频爆破地震实测信号荷载作用下，该框架结构的加速度响应值随着楼层的升高逐渐减小，在顶层响应值最小，在结构最低层最大。

　　即框架结构底部容易在高频爆破地震实测信号荷载作用下遭到破坏，在抗震设计时应该加强底部防护。

7.3.2

中频段爆破地震信号

选用主频为 48.23Hz，速度峰值为 3.29cm/s 的中频爆破振动实测信号，在框架结构底部输入该爆破地震实测信号荷载，计算不同工况下各楼层的加速度响应值。具体的工况如下：

① 工况 5：主频为 48.23Hz，速度峰值为 3.29cm/s 的中频爆破振动速度荷载单独作用于 X 方向上。

② 工况 6：主频为 48.23Hz，速度峰值为 3.29cm/s 的中频爆破振动速度荷载单独作用于 Y 方向上。

③ 工况 7：主频为 48.23Hz，速度峰值为 3.29cm/s 的中频爆破振动速度荷载单独作用于 Z 方向上。

④ 工况 8：主频为 48.23Hz，速度峰值为 3.29cm/s 的中频爆破振动速度荷载同时作用于 X, Y, Z 三个方向上。

中频爆破地震实测信号荷载作用下各工况四个点的加速度时程曲线，见图 7-29～图 7-40。

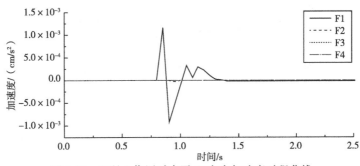

图 7-29　工况 5 作用时水平 X 方向加速度时程曲线

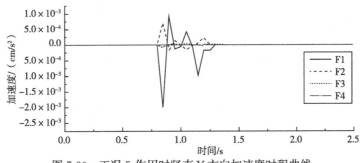

图 7-30　工况 5 作用时竖直 Y 方向加速度时程曲线

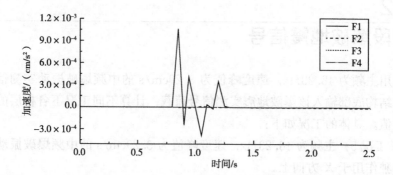

图 7-31　工况 5 作用时水平 Z 方向加速度时程曲线

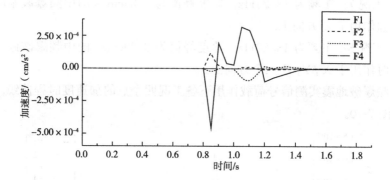

图 7-32　工况 6 作用时水平 X 方向加速度时程曲线

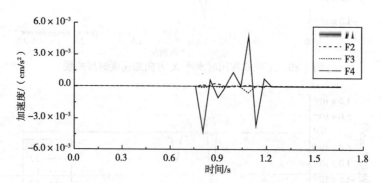

图 7-33　工况 6 作用时竖直 Y 方向加速度时程曲线

浅埋地下爆破振动
预测技术

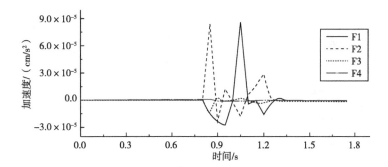

图 7-34 工况 6 作用时水平 Z 方向加速度时程曲线

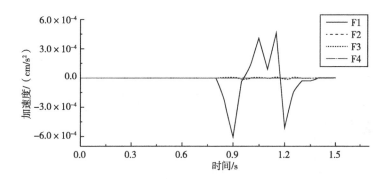

图 7-35 工况 7 作用时水平 X 方向加速度时程曲线

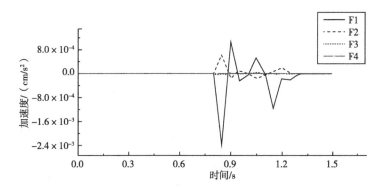

图 7-36 工况 7 作用时竖直 Y 方向加速度时程曲线

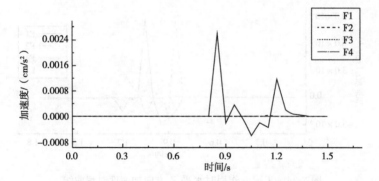

图 7-37　工况 7 作用时水平 Z 方向加速度时程曲线

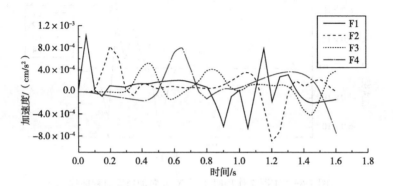

图 7-38　工况 8 作用时水平 X 方向加速度时程曲线

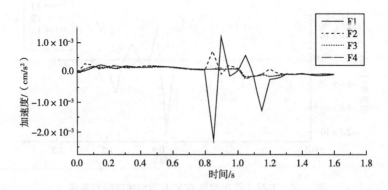

图 7-39　工况 8 作用时竖直 Y 方向加速度时程曲线

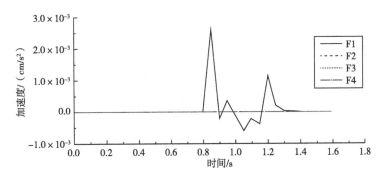

图 7-40　工况 8 作用时水平 Z 方向加速度时程曲线

为了便于分析，归纳以上中频爆破地震实测信号荷载作用下四种工况的十一层框架结构各楼层的加速度响应值，见表 7-5。

表 7-5　中频爆破地震实测信号荷载作用下各楼层的加速度响应最大值　单位：cm/s^2

工况		一	二	三	四	五	六	七	八	九	十	十一
工况 5	X 方向	1.18×10^{-3}	5.73×10^{-5}	2.31×10^{-5}	1.21×10^{-5}	1.38×10^{-5}	1.06×10^{-5}	5.42×10^{-6}	5.22×10^{-6}	5.08×10^{-6}	3.61×10^{-6}	6.47×10^{-6}
	Y 方向	2.07×10^{-3}	5.38×10^{-4}	7.45×10^{-4}	6.95×10^{-4}	4.06×10^{-4}	1.31×10^{-4}	5.12×10^{-5}	7.19×10^{-5}	5.83×10^{-5}	3.09×10^{-5}	1.56×10^{-5}
	Z 方向	1.06×10^{-3}	2.62×10^{-5}	1.67×10^{-5}	1.22×10^{-5}	1.79×10^{-5}	1.18×10^{-5}	4.28×10^{-6}	1.37×10^{-6}	1.56×10^{-6}	1.57×10^{-6}	7.09×10^{-7}
工况 6	X 方向	4.64×10^{-4}	3.67×10^{-4}	1.83×10^{-4}	1.26×10^{-4}	4.62×10^{-5}	3.91×10^{-5}	1.97×10^{-5}	1.41×10^{-5}	9.82×10^{-6}	6.12×10^{-6}	2.31×10^{-6}
	Y 方向	4.81×10^{-3}	4.07×10^{-3}	3.17×10^{-3}	6.29×10^{-4}	5.39×10^{-4}	6.11×10^{-4}	4.84×10^{-4}	2.15×10^{-4}	4.57×10^{-5}	8.29×10^{-5}	1.17×10^{-4}
	Z 方向	8.68×10^{-5}	2.27×10^{-4}	1.94×10^{-5}	8.49×10^{-5}	1.67×10^{-5}	1.15×10^{-5}	1.44×10^{-5}	1.25×10^{-6}	6.00×10^{-6}	1.26×10^{-6}	1.06×10^{-6}
工况 7	X 方向	6.09×10^{-4}	1.04×10^{-4}	1.85×10^{-5}	1.24×10^{-5}	1.25×10^{-5}	1.06×10^{-5}	5.29×10^{-6}	1.22×10^{-6}	1.24×10^{-6}	1.49×10^{-6}	6.43×10^{-7}
	Y 方向	2.41×10^{-3}	4.54×10^{-4}	7.27×10^{-4}	6.50×10^{-4}	3.68×10^{-4}	1.03×10^{-4}	5.20×10^{-5}	8.01×10^{-5}	6.10×10^{-5}	3.09×10^{-5}	1.47×10^{-5}
	Z 方向	2.61×10^{-3}	1.27×10^{-4}	2.47×10^{-5}	1.14×10^{-5}	1.29×10^{-5}	1.04×10^{-5}	5.30×10^{-6}	4.21×10^{-6}	3.48×10^{-6}	3.48×10^{-6}	6.42×10^{-6}

工况		一	二	三	四	五	六	七	八	九	十	十一
工况8	X方向	1.02×10^{-3}	1.04×10^{-3}	9.32×10^{-4}	8.94×10^{-4}	7.36×10^{-4}	6.58×10^{-4}	6.07×10^{-4}	5.45×10^{-4}	4.80×10^{-4}	4.51×10^{-4}	7.91×10^{-4}
	Y方向	2.29×10^{-3}	5.95×10^{-4}	8.46×10^{-4}	7.69×10^{-4}	4.89×10^{-4}	2.23×10^{-4}	2.29×10^{-4}	2.58×10^{-4}	2.80×10^{-4}	2.94×10^{-4}	3.01×10^{-4}
	Z方向	2.62×10^{-3}	1.27×10^{-4}	2.29×10^{-5}	1.65×10^{-5}	1.35×10^{-5}	1.50×10^{-5}	8.34×10^{-6}	1.06×10^{-5}	1.35×10^{-5}	1.05×10^{-5}	1.59×10^{-5}

为了更直观地看出框架结构各楼层在中频爆破地震实测信号荷载作用下的加速度响应变化，根据第7.2节总结的规律，此处有代表性地选取工况7和工况8两个动力响应较大的工况，通过数据点折线图表示，见图7-41、图7-42。

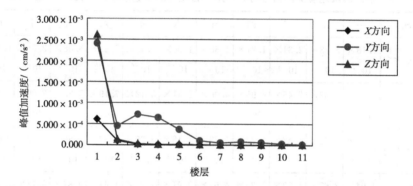

图7-41　工况7作用时每层楼的加速度响应最大值曲线

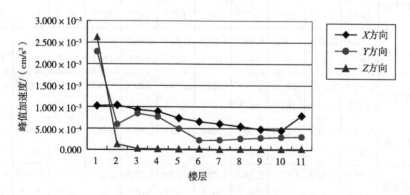

图7-42　工况8作用时每层楼的加速度响应最大值曲线

通过图 7-29～图 7-42 和表 7-5，可以得出在框架结构底部输入中频爆破地震实测信号荷载时各楼层的加速度响应变化规律：

① 在中频爆破地震实测信号荷载作用下，框架结构在工况 8，即三向荷载共同作用下，各楼层的加速度响应值最大。

② 在中频爆破地震实测信号荷载作用下，比较工况 1、工况 2 和工况 3 可知，当单向荷载作用在任一方向上时，该方向的加速度响应大于其他两个方向的响应值。

③ 在中频爆破地震实测信号荷载作用下，该框架结构的加速度响应值随着楼层的升高逐渐减小，在顶层响应值最小，在结构最低层最大。除工况 8 外，即三向荷载共同作用下，在水平 X 方向上，沿楼层高度在结构顶层加速度响应值出现突变。

即框架结构底部容易在中频爆破地震实测信号荷载作用下遭到破坏，在抗震设计时应该加强底部防护。

7.3.3
低频段爆破地震信号

选用主频为 15.00Hz，速度峰值为 1.01cm/s 的低频爆破振动实测信号，在框架结构底部输入该爆破地震实测信号荷载，计算不同工况下各楼层的加速度响应值。具体的工况如下：

① 工况 9：主频为 15.00Hz，速度峰值为 1.01cm/s 的低频爆破振动速度荷载单独作用于 X 方向上；

② 工况 10：主频为 15.00Hz，速度峰值为 1.01cm/s 的低频爆破振动速度荷载单独作用于 Y 方向上；

③ 工况 11：主频为 15.00Hz，速度峰值为 1.01cm/s 的低频爆破振动速度荷载单独作用于 Z 方向上；

④ 工况 12：主频为 15.00Hz，速度峰值为 1.01cm/s 的低频爆破振动速度荷载同时作用于 X, Y, Z 三个方向上。

低频爆破地震实测信号荷载作用下各工况四个点的加速度时程曲线，见图 7-43～图 7-54。

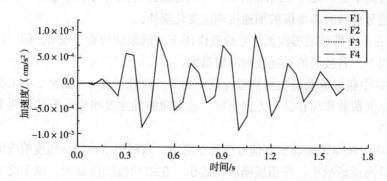

图 7-43　工况 9 作用时水平 X 方向加速度时程曲线

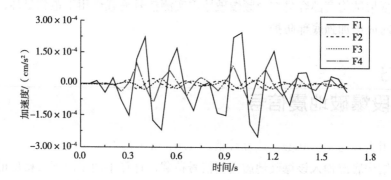

图 7-44　工况 9 作用时竖直 Y 方向加速度时程曲线

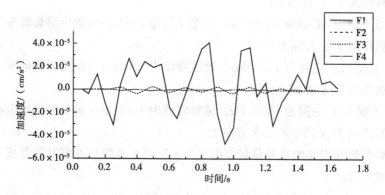

图 7-45　工况 9 作用时水平 Z 方向加速度时程曲线

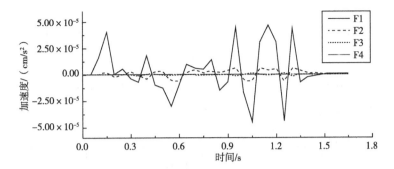

图 7-46　工况 10 作用时水平 X 方向加速度时程曲线

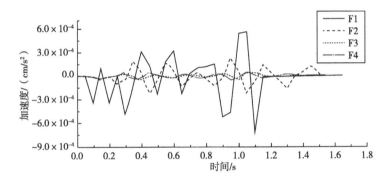

图 7-47　工况 10 作用时竖直 Y 方向加速度时程曲线

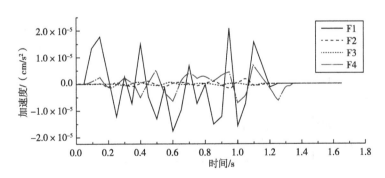

图 7-48　工况 10 作用时水平 Z 方向加速度时程曲线

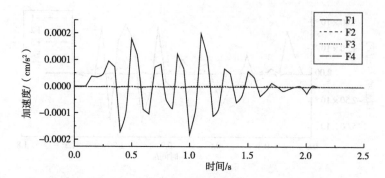

图 7-49　工况 11 作用时水平 X 方向加速度时程曲线

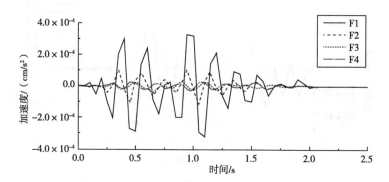

图 7-50　工况 11 作用时竖直 Y 方向加速度时程曲线

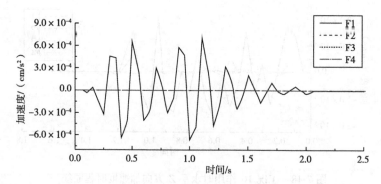

图 7-51　工况 11 作用时水平 Z 方向加速度时程曲线

浅埋地下爆破振动
预测技术

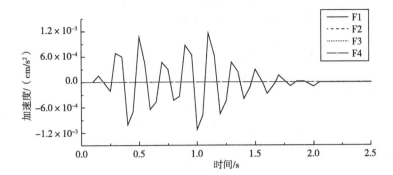

图 7-52 工况 12 作用时水平 X 方向加速度时程曲线

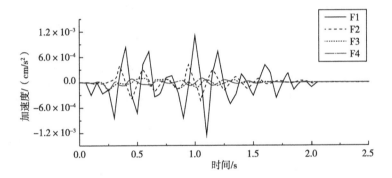

图 7-53 工况 12 作用时竖直 Y 方向加速度时程曲线

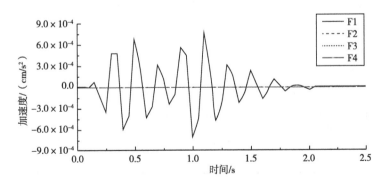

图 7-54 工况 12 作用时水平 Z 方向加速度时程曲线

为了便于分析，归纳以上低频爆破地震实测信号荷载作用下四种工况的十一层框架结构各楼层的加速度响应值，见表 7-6。

表 7-6　低频爆破地震实测信号荷载作用下各楼层的加速度响应最大值　单位：cm/s²

工况		一	二	三	四	五	六	七	八	九	十	十一
工况9	X方向	1.14×10^{-3}	1.76×10^{-3}	4.86×10^{-4}	2.45×10^{-5}	4.71×10^{-5}	3.57×10^{-5}	8.49×10^{-6}	1.57×10^{-5}	4.79×10^{-6}	2.30×10^{-6}	1.26×10^{-6}
	Y方向	2.48×10^{-2}	4.27×10^{-3}	4.03×10^{-3}	2.75×10^{-4}	9.04×10^{-4}	4.05×10^{-4}	1.18×10^{-4}	8.95×10^{-5}	3.24×10^{-5}	8.96×10^{-6}	1.31×10^{-5}
	Z方向	8.36×10^{-4}	1.47×10^{-3}	5.60×10^{-4}	8.95×10^{-5}	6.33×10^{-5}	3.03×10^{-5}	1.14×10^{-5}	1.26×10^{-5}	3.61×10^{-6}	1.62×10^{-6}	1.13×10^{-6}
工况10	X方向	2.38×10^{-3}	4.09×10^{-5}	5.51×10^{-5}	6.91×10^{-6}	2.75×10^{-6}	2.49×10^{-6}	6.56×10^{-7}	5.50×10^{-7}	5.24×10^{-7}	3.98×10^{-7}	6.56×10^{-7}
	Y方向	2.76×10^{-3}	6.47×10^{-4}	3.77×10^{-4}	1.31×10^{-4}	2.68×10^{-5}	2.52×10^{-5}	6.26×10^{-6}	4.03×10^{-6}	2.73×10^{-6}	8.20×10^{-6}	2.81×10^{-7}
	Z方向	1.49×10^{-3}	2.44×10^{-5}	4.51×10^{-5}	8.65×10^{-6}	1.77×10^{-6}	2.70×10^{-6}	2.93×10^{-7}	2.84×10^{-7}	1.38×10^{-7}	5.02×10^{-8}	2.53×10^{-8}
工况11	X方向	8.74×10^{-4}	1.02×10^{-5}	4.48×10^{-5}	7.84×10^{-6}	2.18×10^{-6}	3.45×10^{-6}	5.46×10^{-7}	9.60×10^{-8}	1.68×10^{-7}	2.69×10^{-7}	7.48×10^{-7}
	Y方向	3.29×10^{-3}	7.79×10^{-4}	3.09×10^{-4}	1.12×10^{-4}	3.22×10^{-5}	2.66×10^{-5}	1.12×10^{-5}	2.65×10^{-6}	2.75×10^{-6}	7.06×10^{-7}	3.63×10^{-7}
	Z方向	2.25×10^{-3}	2.71×10^{-5}	4.86×10^{-5}	7.28×10^{-6}	1.94×10^{-6}	2.66×10^{-6}	6.10×10^{-7}	5.67×10^{-7}	5.35×10^{-7}	3.86×10^{-7}	6.47×10^{-7}
工况12	X方向	1.15×10^{-3}	1.72×10^{-5}	3.86×10^{-4}	1.92×10^{-5}	4.56×10^{-5}	2.99×10^{-5}	8.44×10^{-5}	1.54×10^{-5}	5.00×10^{-6}	2.26×10^{-6}	1.36×10^{-6}
	Y方向	1.87×10^{-3}	4.72×10^{-5}	3.35×10^{-4}	2.73×10^{-4}	3.03×10^{-4}	3.54×10^{-5}	1.00×10^{-4}	8.26×10^{-5}	3.77×10^{-5}	9.05×10^{-6}	1.25×10^{-5}
	Z方向	7.06×10^{-4}	1.51×10^{-3}	4.66×10^{-5}	7.44×10^{-5}	6.12×10^{-5}	2.50×10^{-5}	1.11×10^{-5}	1.22×10^{-5}	3.94×10^{-6}	1.68×10^{-6}	1.15×10^{-6}

为了更直观地看出框架结构各楼层在低频爆破地震实测信号荷载作用下的加速度响应变化，根据第 7.2 节总结的规律，此处有代表性地选取工况 9 和工况 12 两个动力响应较大的工况，通过数据点折线图表示，见图 7-55、

图 7-56。

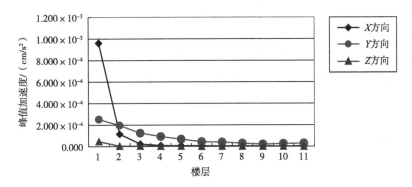

图 7-55 工况 9 作用时每层楼的加速度响应最大值曲线

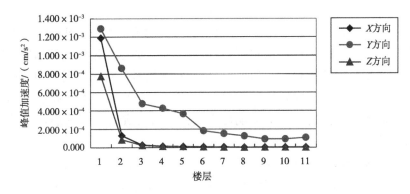

图 7-56 工况 12 作用时每层楼的加速度响应最大值曲线

通过图 7-43～图 7-56 和表 7-6，可以得出在框架结构底部输入低频爆破地震实测信号荷载时各楼层的加速度响应变化规律：

① 在低频爆破地震实测信号荷载作用下，比较工况 9、工况 10 和工况 11可知，当单向荷载作用在任一方向上时，该方向的加速度响应大于其他两个方向的响应值。

② 在低频爆破地震实测信号荷载作用下，框架结构在工况 12，即三向荷载共同作用下，各楼层的加速度响应值最大。

在三向荷载共同作用下，该框架结构各楼层在竖直 Y 方向的加速度响应值较大，即以竖直 Y 方向振动响应为主；在水平 X 方向和水平 Z 方向上，各楼层的加速度响应值分布比较均匀。

③ 在低频爆破地震实测信号荷载作用下，该框架结构的加速度响应值随着楼层的升高逐渐减小，在顶层响应值最小，在结构最低层最大。

由于一般建筑结构本身的固有频率较低，通常小于 15Hz，低频爆破地震实测信号易与建筑结构发生共振，所以框架结构底部容易在低频爆破地震实测信号荷载作用下遭到破坏，在抗震设计时应该加强底部防护。

7.4

小结

本章首先从有限元思想、计算流程、控制方程、时间积分和步长控制五个方面介绍了 ANSYS/LS-DYNA 的算法基础。

然后，以一个十一层框架结构小高层为研究对象，利用 ANSYS/LS-DYNA 动力有限元程序，建立三维空间实体有限元模型，通过在该框架结构底部输入高频、中频和低频三个不同频段的爆破地震实测信号，对比不同方向的单向爆破地震单独作用和三向爆破地震共同作用对十一层框架结构小高层的动力响应，从爆破地震波作用下的应力响应方面，对结构进行爆破地震动力响应分析，得出结论：

① 在高频爆破地震实测信号荷载单独作用下，竖直 Y 方向振动荷载对框架结构的动力影响较大；在中频爆破地震实测信号荷载单独作用下，水平 Z 方向振动荷载对框架结构的动力影响较大；在低频爆破地震实测信号荷载单独作用下，水平 X 方向振动荷载对框架结构的动力影响较大。

② 在爆破地震实测信号荷载作用下，不论是高频波、中频波还是低频波，框架结构在三向荷载共同作用时的动力响应最大，极易产生破坏，对结构进行爆破地震动作用下的安全评估时必须考虑三向爆破地震作用，因此在爆破振动安全判据中速度的标准应选取三个方向的叠加速度。

最后，又从加速度响应方面对结构进行爆破地震动力响应分析，得出结论：

① 在爆破地震实测信号荷载作用下，不论是高频波、中频波还是低频波，框架结构在三向荷载共同作用时，各楼层的加速度响应值最大。

② 在爆破地震实测信号荷载作用下，不论是高频波、中频波还是低频波，

该框架结构的加速度响应值随着楼层的升高逐渐减小，在顶层响应值最小，在结构最低层最大。框架结构底部容易在爆破地震实测信号荷载作用下遭到破坏，在抗震设计时应该加强底部防护。

第 **8** 章

爆破地震波特性
影响因素的数值模拟

对工程爆破而言，由于其破坏作用以及爆破信号特性影响因素的复杂性，要进行大规模的现场试验是不现实的，单靠目前的监测技术也很难较全面地反映各因素与爆破振动信号特性的关联。随着有限元理论和计算机技术的推广，利用数值模拟的方法探寻两者间的关联，是爆破工程研究方法的一个必然趋势。本章利用 LS-DYNA 数值模拟软件对不同影响参数下的爆破地震波特性进行研究，旨在证实前述利用实测数据得到的一系列结论的正确性，并提出靠试验难以解答的客观规律。

8.1

结构模型

8.1.1

工程概况

本次模拟采用中山公园站 2 号风井实际工程数据，风井断面为 7m×6m 的矩形，目前的开挖深度为 10m。爆破开挖方式采用台阶爆破法，一次爆破开挖半个风井断面，炮孔深度为 75cm。风井的平面和立面示意图如图 8-1 所示。

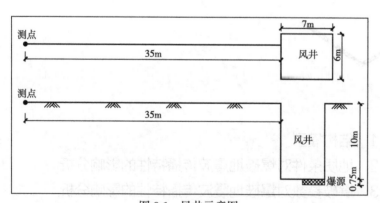

图 8-1　风井示意图

为研究爆破地震波的传播特性，在距风井长边 1/4 处，距风井短边分别为10m、20m 和 35m 处设置三个监测点，分析不同条件下它们的振动时程曲线的变化规律。

8.1.2

模型参数的选取

　　由于对称性，有限元模型可只建立半个模型。设置监测点的一侧，岩土介质的长度取 35m；而在风井短边方向，只需考虑临空井壁的影响，因此岩土介质的长度只取 3m；模型底部在炮孔底端再取 2m 长的岩土介质。有限元模型的平、立图如图 8-2 所示。

　　因所建的有限元模型为三维实体结构模型，单元类型宜采用三维实体单元。在 ANSYS/LS-DYNA 程序中，提供两种三维实体单元 SOLID164 和 SOLID168。 SOLID164 单元为 8 节点六面体单元，每个节点具有 9 个自由度。该单元支持大部分的 LS-DYNA 材料算法，应用较广泛。 SOLID168 单元是 ANSYS/LS-DYNA8.0 新增加的一种 10 节点四面体单元，特别适合于处理由不同 CAD/CAM 系统给出的不规则几何模型的网格划分问题。因此，单元类型选用较常用的 SOLID164 单元。爆破场区的介质材料简化为岩石和土两种材料，其中岩石采用线弹性材料模型，其在 k 文件中对应的关键字为 *MAT ＿ ELASTIC；土采用 DP 模型，其在 k 文件中对应的关键字为 *MAT ＿ DRUCK-ER ＿ PRAGER。除在模型的对称面上施加对称边界条件外，其余所有的边界面上都施加无反射边界条件。爆源方面，采用等效荷载的方式模拟炸药，实体模型图如图 8-3 所示。

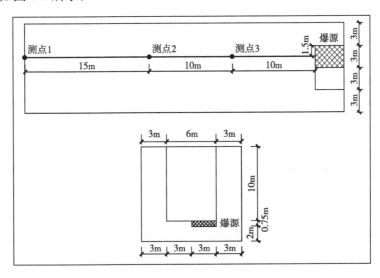

图 8-2　有限元模型原理图

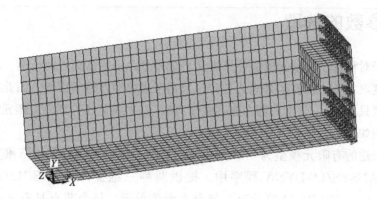

图 8-3　有限元实体模型图

8.1.3

爆破等效荷载计算原理[122]

由于本节的研究对象主要是爆源参数对地震波特性的影响，因此爆源部分的数值模型必须能够较全面地反映各装药参数及装药结构。如果在该部分模拟中仍采用在爆源区节点上施加既有地震波模拟炸药模型，将不能直接体现装药量和装药结构的内容，根据现状要实现这点需采用等效荷载的方式来模拟炸药。

8.1.3.1　爆破等效荷载峰值计算原理

对固态和液态的凝聚炸药，可采用三角脉冲波模拟爆破荷载。爆破荷载峰值压力经验公式可表示为：

$$\sigma = \frac{\rho D^2 \bar{r}^{-\alpha}}{2 \times (1+K)} \times \left(\frac{d_c}{d_b}\right)^{2K} \tag{8-1}$$

式中，σ 为爆破荷载峰值压力，Pa；$\bar{r}$ 为比例半径，$\bar{r} = R/r'$，R 为离药包轴线的距离，m，r' 为药包横切面半径，m。结合各种爆破破岩试验和理论计算，岩体在爆破应力波作用下形成的破碎圈的范围在 2～3 倍装药半径之间，因为数值模拟的目的是研究距爆源中远距离处岩体质点的振动情况，所以粉碎区的边界应作为 R 的取值点，本次模拟中 $\bar{r}$ 初步取值 2.2；α 为与岩石及炸药种类有关的常数，对于大多数岩石，$\alpha \approx 3$；ρ 为装药密度，kg/m³，

取 $\rho = 1000\text{kg/m}^3$；D 为炸药的爆轰速度，m/s，取 $D = 3600\text{m/s}$；K 为等熵指数，与装药密度相关，$\rho < 1200\text{kg/m}^3$ 时 $K = 2.1$，$\rho > 1200\text{kg/m}^3$ 时 $K = 3.0$；d_c 为装药直径，mm，取 32；d_b 为炮孔直径，mm，取 48。

正常情况下的爆源都是采用多孔装药，为了简化炮孔周围的网格剖分工作，可将同排炮孔连心线所在的竖直面建成平面，其上的面荷载 σ_0 可等效为：

$$\sigma_0 = \left(\frac{2r}{s}\right) \sigma \tag{8-2}$$

式中，r 为粉碎区半径，mm，取值 70.4；s 为炮眼间距，m；其余同式（8-1）。

对于三维问题，等效压力则施加在炮孔轴线与同排炮孔连心线所确定的平面上，压力作用的深度范围与炮孔内装药段长度相等。

8.1.3.2 爆破等效荷载作用时间计算原理[123,124]

爆破应力波的一个特点是，应力上升时间比下降时间小，当应力波衰减为地震波后，两者大体相等，上升时间和下降时间之和称作应力波作用时间。应力波的上升时间和作用时间与传播介质、炮眼装药量、距离等因素有关，其经验公式为：

$$t_\text{r} = 12 \times \sqrt{r^{(2-\nu)}} \times q_\text{b}^{0.05} / C \tag{8-3}$$

$$t_\text{s} = 84 \times \sqrt[3]{r^{(2-\nu)}} \times q_\text{b}^{0.2} / C \tag{8-4}$$

式中，t_r 为荷载上升时间，s；t_s 为荷载作用时间，s；C 为岩石的体积压缩模量，10^8Pa，取 300；q_b 为装药量，kg；ν 为泊松比，取 0.27。

根据《爆破安全规程》（GB 6722—2014）中的规定，在评价爆破地震波对周边建筑物的振动影响时，采用保护对象所在地基础质点峰值振动速度和主振频率作为安全判据和允许标准，而在实际应用时，通常选用垂直方向的峰值振动速度及主频。据此，本文选择三个监测点垂直方向（Y 方向）地震波的峰值振动速度及主频作为研究对象进行分析。

8.2
地质条件对爆破地震波
传播特性的影响分析

根据国内外研究现状及《工程岩体分级标准》(GB 50218—2014),爆破地震波传播介质主要包括岩体等级类型、土层厚度及其他参数,而且各个参数又包含很多小的方面,下面就这几种主要参数对爆破地震波特性的影响分别展开讨论。

8.2.1
岩体等级对爆破地震波传播特
性的影响

为分析不同岩体中爆破地震波的传播特性,假定爆破场地全部为岩体组成。根据《工程岩体分级标准》(GB 50218—2014)表 C.0.1,岩体等级可分为 5 类,每级相应参数见表 8-1。

表 8-1　岩体的物理力学参数

岩体等级	ρ / (kg/m³)	E/GPa	μ
Ⅰ、Ⅱ	2700	27	0.2
Ⅲ	2500	13	0.25
Ⅳ	2300	4	0.3
Ⅴ	2200	1	0.35

对不同的岩体,三个监测点的计算响应结果如图 8-4、表 8-2 所示。

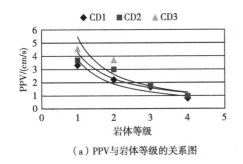
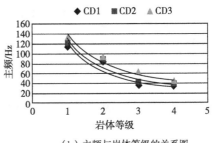

（a）PPV与岩体等级的关系图　　　　（b）主频与岩体等级的关系图

图 8-4　岩体等级对爆破地震波特性的影响规律图

表 8-2　不同岩体等级下爆破地震波特性情况

岩体等级	测点 1		测点 2		测点 3	
	峰值速度/(cm/s)	主频/Hz	峰值速度/(cm/s)	主频/Hz	峰值速度/(cm/s)	主频/Hz
Ⅰ、Ⅱ	3.29	114.41	3.69	120.76	4.58	131.78
Ⅲ	2.28	82.66	2.99	89.02	3.70	90.81
Ⅳ	1.58	35.26	1.77	41.75	1.81	63.51
Ⅴ	0.75	32.99	0.98	36.37	1.02	41.84

通过图 8-4 可以清楚地发现，越松软、破碎的岩石对爆破地震波能量的消耗越明显；同时，地震波的传播介质对其信号有滤波功能，其中高硬度、完整性较好的岩石对低频带信号的滤波功能显得比较突出，相反，岩质比较松软的岩体对高频信号的滤波效果较明显。

8.2.2
土层厚度对爆破地震波传播特性的影响

考虑到爆破场地中还存在一定厚度的土层，建模时将模型表面一定厚度的岩体替换为土层，上覆土层的厚度分别取 3m、6m 和 10m。模型中的土体材料以黏土、粉土及砂土为主，其相关参数大体取值范围见表 8-3。

表 8-3 模型中土体的物理力学参数范围

参数	$\rho /(kg/m^3)$	G/GPa	μ	φ	c/MPa
取值范围	1700～2100	2～60	0.2～0.45	10°～35°	0～100

具体到本小节的研究，岩体参数选用Ⅲ级围岩参数，土体参数见表 8-4。

表 8-4 Ⅲ级围岩土体的物理力学参数

参数	$\rho /(kg/m^3)$	G/GPa	μ	φ	c/MPa
取值范围	1700	10	0.2	15°	10

对于不同的上覆土层厚度，三个监测点的计算响应结果如表 8-5、图 8-5 所示。

表 8-5 不同土层厚度下爆破地震波特性情况

土层厚度/m	测点 1		测点 2		测点 3	
	峰值速度/(cm/s)	主频/Hz	峰值速度/(cm/s)	主频/Hz	峰值速度/(cm/s)	主频/Hz
3	1.29	23.82	1.3	23.82	1.98	27.78
6	1.47	18.82	1.89	20.79	2.50	27.79
10	2.04	7.94	2.20	7.94	4.03	3.97

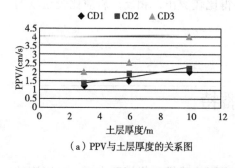

（a）PPV 与土层厚度的关系图

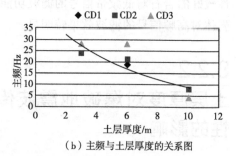

（b）主频与土层厚度的关系图

图 8-5 土层厚度对爆破地震波特性的影响规律图

从上述图表中可以看出，在某种均匀传播介质中，爆破振动信号的特性随着土层厚度的增加发生一定规律的变化，其中质点峰值速度随覆土厚度的增加而增大，主频降低，这说明传播介质厚度越大，其滤波效果越好；另外，上述图表所反映的变化规律也充分验证了爆破地震波在垂直方向上有峰值放大效应。综合前述结论，在一定范围内的均匀传播介质中，爆源上部覆土越厚其地震波到达地面的破坏力越大。

8.2.3
土体参数对爆破地震波传播特性的影响

从表 8-3 中可以看出，土体的物理力学参数有一定的变化范围，其中个别参数（如 G、c）的变化范围还很大，不同的土体参数取值，必然会对计算结果产生一定的影响。为分析土体各个参数变化的影响，有限元模型中上覆土层厚度取 10m，岩体参数选用Ⅲ级围岩参数，土体参数则逐一变化。

① 分别取 $\rho = 1700\text{kg/m}^3$、1900kg/m^3、2100kg/m^3，土体其余参数如表 8-4 所示，计算结果如表 8-6 所示。

表 8-6　不同密度岩石中的爆破地震波特性情况

$\rho/(\text{kg/m}^3)$	测点 1		测点 2		测点 3	
	峰值速度/(cm/s)	主频/Hz	峰值速度/(cm/s)	主频/Hz	峰值速度/(cm/s)	主频/Hz
1700	1.37	12.12	2.20	27.79	2.50	165.33
1900	1.35	12.12	1.99	12.72	2.30	50.87
2100	1.29	7.94	1.81	12.72	2.11	27.79

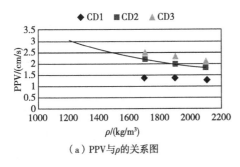
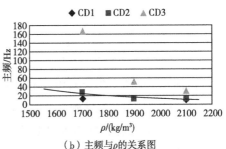

（a）PPV与ρ的关系图　　　　　　（b）主频与ρ的关系图

图 8-6　传播介质密度对爆破地震波特性的影响规律图

根据柱面波理论和球面波及长柱状装药的子波理论，在弹性介质中，爆破地震波的衰减规律一般遵循：

$$V = P_0 (b/R)^\alpha / (\rho V_P) \qquad (8\text{-}5)$$

式中，V 为速度；P_0 为炮孔初始压力值；b 为炮孔装药直径；R 为爆心距；ρ 为传播介质密度；V_P 为地震波纵向传播速度。

由弹性波的波动方程可知，纵波传播速度为：

$$V_P = \sqrt{\frac{\lambda + 2\mu}{\rho}} = \sqrt{\frac{E(1-\nu)}{\rho(1+\nu)(1-2\nu)}} \qquad (8\text{-}6)$$

式中，λ、μ 为拉梅常量；ν 为泊松比。将式（8-6）代入式（8-5）中可知爆破振动速度反比于传播介质密度的算术平方根，所以随着传播介质密度的增大，振动 PPV 呈衰减趋势。

主频方面，从理论上看，弹性区：$f_0 \propto V_s \sqrt{1-(V_s/V_P)}$，考虑到地震波在爆源裂隙中的衰减（$V_s$ 为横波速度），经验公式[125]给出：$f \propto (V_P/V_0)^{0.4}$（$V_0$ 为中硬岩纵波波速），结合纵波传播速度与传播介质的关系式：$f \propto \rho^{-0.2}$，可见爆破地震波的振动主频随岩性密度的变大而减小。以上的分析结果在图 8-6 中都能得到体现。

② 分别取 $\mu = 0.2$、0.3、0.4，土体其余参数如表 8-4 所示，计算结果如表 8-7 所示。

表 8-7　不同泊松比下爆破地震波特性情况

μ	测点 1		测点 2		测点 3	
	峰值速度 /(cm/s)	主频/Hz	峰值速度 /(cm/s)	主频/Hz	峰值速度 /(cm/s)	主频/Hz
0.2	1.02	7.94	1.84	27.79	2.27	27.79
0.3	1.17	7.94	2.22	27.79	2.50	27.79
0.4	1.29	3.97	2.22	27.79	2.56	27.79

根据式（8-6），等式右边分母相对分子为高阶函数，且分子分母的最高阶系数同号，根据近似计算法则：地震波纵向传播速度反比于泊松比的平方根，结合式（8-5），质点的振动速度应正比于泊松比的平方根，所以传播规律呈现出图 8-7（a）的形式；主频方面，由于地震波主频正比于地震波的纵波速度，所以与泊松比呈一定程度的反比关系，进而主频随传播介质的泊松比增大而减小。

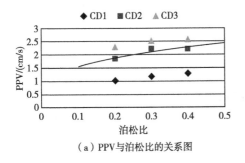

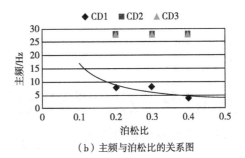

(a) PPV与泊松比的关系图   (b) 主频与泊松比的关系图

图 8-7　传播介质泊松比对爆破地震波特性的影响规律图

③ 分别取 φ =15°、25°、35°，土体其余参数如表 8-4 所示，计算结果如表 8-8 所示。

表 8-8　不同岩体摩擦角下爆破地震波特性情况

φ	测点 1		测点 2		测点 3	
	峰值速度 /(cm/s)	主频/Hz	峰值速度 /(cm/s)	主频/Hz	峰值速度 /(cm/s)	主频/Hz
15°	1.29	7.94	2.2	27.79	2.5	27.79
25°	1.29	7.94	2.2	27.79	2.5	27.79
35°	1.29	7.94	2.2	27.79	2.5	27.79

从表 8-8 中可以看出，岩体内摩擦角的改变对爆破地震波特性变化没有影响。

④ 分别取 c =10MPa、30MPa、50MPa、70MPa，土体其余参数如表 8-4 所示，计算结果如表 8-9 所示。

表 8-9　不同黏聚力下爆破地震波特性情况

c/MPa	测点 1		测点 2		测点 3	
	峰值速度 /(cm/s)	主频/Hz	峰值速度 /(cm/s)	主频/Hz	峰值速度 /(cm/s)	主频/Hz
10	1.29	7.94	2.2	27.79	2.5	27.79
30	1.29	7.94	2.2	27.79	2.5	27.79
50	1.29	7.94	2.2	27.79	2.5	27.79
70	1.29	7.94	2.2	27.79	2.5	27.79

从表 8-9 中可以看出，改变岩体结构间的黏聚力不会引起爆破地震波特性的改变。

8.3
爆破参数对爆破地震波
传播特性的影响分析

8.3.1
模型的确立

为了验证本次模型的准确性，模型的建立依据为青岛地铁中山公园站实体工程，由于场地较为复杂，模型采用了线弹性材料，传播介质各参数取现场实际岩体的均方根值，其中传播介质密度取 $2600 kg/m^3$，变形模量为 30GPa，泊松比取 0.27。其中数值模型时程曲线和实测振动时程曲线如图 8-8 所示。

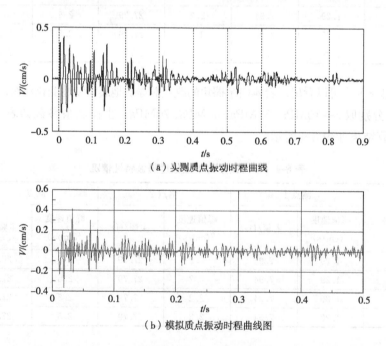

（a）实测质点振动时程曲线

（b）模拟质点振动时程曲线图

图 8-8　实测与模拟质点振动时程曲线对比图

经对比分析，实测信号的 PPV 和主频分别为 0.4233cm/s、62.1543Hz，模拟信号的 PPV 和主频分别为 0.4060cm/s、58.2049Hz，PPV 及主频的计算误差分别为 4.09% 和 6.35%，两者基本符合工程应用，故本次采用的数值模型较为合理。

另外，本节模型增加了对测点 0 处质点振动特性的讨论，测点位于井口边缘与其他测点连线的交点上，代表爆破近区。由于在爆源模拟时，未对炮孔的形状做出模拟，只是在外缘炮孔的中心连线上施加了等效荷载，这样就改变了真实的加载方式，根据圣维南原理，炮孔周边区域内的质点振动情况可能与实际有较大的误差，但对于爆破中远区的质点振动情况并没有多少影响。对于测点 0，从严格意义上讲，应属于爆破中区的范畴，但较其他测点比较接近爆破近区，因此在研究爆破地震波的传播规律时，可将测点 0 视作爆破近区质点，目的在于更准确地把握地震波的传播规律。

8.3.2
炮孔间距对爆破地震波特性的影响

利用三角形等效荷载进行爆破振动模拟时，唯一能体现炮孔间距对质点振动情况影响的参数为三角形荷载的峰值，综合式（8-1）和式（8-2），可得本次模拟中的等效荷载峰值为 $2.34/s$（MPa），因此不同炮眼距离下的等效荷载峰值可按表 8-10 取值。

表 8-10　不同炮眼距离下的等效荷载峰值

炮眼间距/mm	0.30	0.50	0.75
等效荷载峰值/MPa	7.969	4.782	3.188

图 8-9 列出了单孔装药量为 350g（等效荷载上升时间为 0.0982ms，加载总时间为 0.4277ms）在不同炮孔间距的装药结构下测点 1 处的质点速度时程曲线 [由于模型采用 μs-cm-g 单位制，所以图中的横坐标单位为 μs，纵坐标单位为 cm/μs（下同）。鉴于图幅有限，其他测点处的质点振动信号特性见表 8-11]。

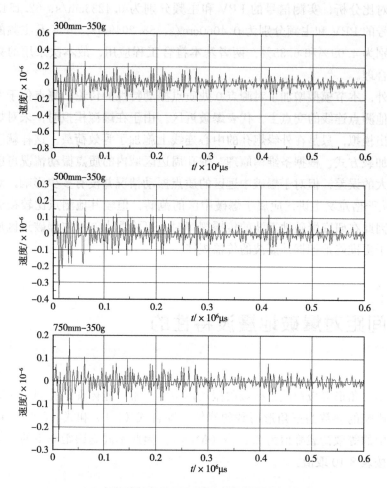

图 8-9 不同炮孔间距下质点振动时程曲线图

表 8-11 不同炮孔间距下测点振动信号特性情况

炮孔间距 /mm	测点 1		测点 2		测点 3		测点 0	
	PPV /(cm/s)	主频/Hz	PPV /(cm/s)	主频/Hz	PPV /(cm/s)	主频/Hz	PPV /(cm/s)	主频/Hz
300	0.6570	62.3573	0.7530	90.8735	0.7700	111.3256	5.9370	83.5243
500	0.3940	56.2459	0.4520	86.8720	0.4620	107.2939	3.5630	81.7548
750	0.2630	52.1143	0.3010	76.8714	0.3080	97.9989	2.3750	80.6257

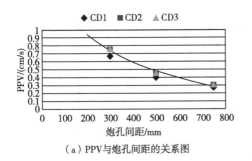

（a）PPV与炮孔间距的关系图

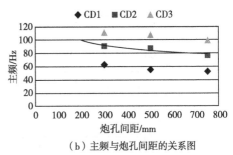

（b）主频与炮孔间距的关系图

图 8-10　炮孔间距对爆破地震波特性的影响规律图

关于炮孔间距对爆破地震波的影响规律（图 8-10），本次模型中主要体现在爆破等效荷载的峰值上。可见，随着炮孔间距的增大（也就是等效荷载峰值的减少），各测点处的质点振动峰值速度均有衰减的趋势，符合式（8-5）的规律；主频方面，在爆破中远区，测点的振动主频有衰减的趋势，但在爆破近区，质点的振动主频变化不大。

8.3.3
装药量对爆破地震波特性的
影响

由于利用等效荷载加载时，与药量有关的参数只有荷载的作用时间，因此本节通过改变荷载的上升时间和作用时间来体现装药量对爆破地震波特性的影响，其中模型采用炮眼间距为 500mm 时对应的等效荷载峰值。

由式（8-3）和式（8-4）可知，装药量对荷载加载时间有较大的影响，不同质量装药量的等效荷载作用时间可按表 8-12 取值。不同装药量下测点振动信号特性情况如表 8-13。

表 8-12　不同装药量下的等效荷载作用时间

单孔装药量/g	175	250	350
荷载上升时间/ms	0.09483	0.09653	0.09817
荷载作用时间/ms	0.37231	0.39984	0.42767

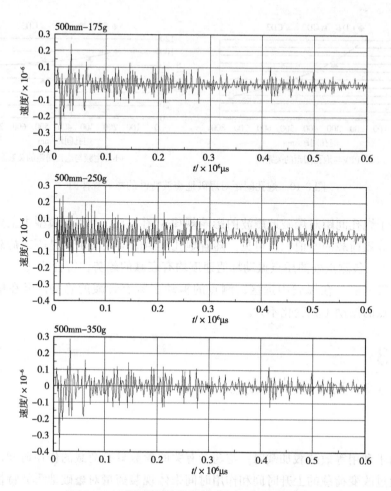

图 8-11 不同单孔装药量下测点振动时程曲线图

表 8-13 不同装药量下测点振动信号特性情况

装药量 /g	测点 1		测点 2		测点 3		测点 0	
	PPV /(cm/s)	主频/Hz	PPV /(cm/s)	主频/Hz	PPV /(cm/s)	主频/Hz	PPV /(cm/s)	主频/Hz
175	0.3470	58.2049	0.3770	86.8720	0.4020	107.2939	3.3030	81.7548
250	0.3700	56.9075	0.4500	77.4229	0.4600	96.3921	3.4400	82.0230
350	0.3900	49.8820	0.4700	74.1111	0.5900	89.0013	3.5600	83.7645

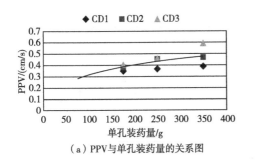

（a）PPV与单孔装药量的关系图

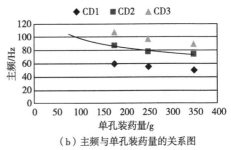

（b）主频与单孔装药量的关系图

图 8-12　单孔装药量对爆破地震波特性的影响规律图

图 8-12（a）显示，在弹性介质中爆破振动信号的峰值速度随装药量的加大呈幅度较小的上升趋势，这证实了 PPV 随装药量的变化规律。

查阅相关文献，从装药量对爆破地震波传播特性的研究中得知，振动信号主振频带随装药量的增加有向低频发展的趋势。结合上述的图表信息发现，上述结论适合爆破中远区内的质点振动规律，对于爆破近区的质点振动主频随装药量的变化不大。

8.3.4
微差时间对爆破地震波特性的
影响

有限元模型采用岩体厚度为 10m 的模型，微差爆破段数取 2 段，2 段的振动强度一致，爆破延迟时间分别取 25ms、50ms、75ms、100ms。其中测点 1 处的质点在不同微差时间条件下的振动时程曲线见图 8-13，其他测点处的振动情况见表 8-14。

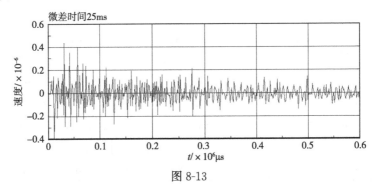

图 8-13

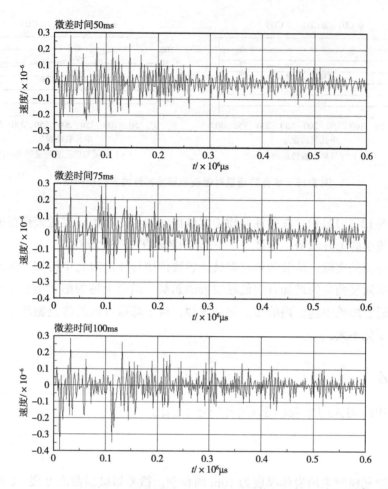

图 8-13 不同微差时间下爆破振动时程曲线图

表 8-14 不同微差时间下爆破地震波特性情况

微差时间 /ms	测点 1		测点 2		测点 3		测点 0	
	PPV /(cm/s)	主频/Hz	PPV /(cm/s)	主频/Hz	PPV /(cm/s)	主频/Hz	PPV /(cm/s)	主频/Hz
单段信号	0.3900	49.8820	0.4700	74.1111	0.5900	89.0013	3.5600	83.7645
25	0.4150	49.8820	0.4520	74.1111	0.7410	107.2939	3.563	83.7645
50	0.3900	58.2049	0.4500	86.8720	0.5000	107.2939	3.5600	83.7645
75	0.3900	62.1543	0.4600	81.7548	0.4700	89.0013	3.5600	83.7645
100	0.3900	49.8820	0.5300	86.8720	0.5900	89.0013	3.5600	83.7645

浅埋地下爆破振动
预测技术

微差爆破中不同微差时间对应的降振效果不同，同一微差时间下不同测点处的质点降振效果也存在很大差异，模拟结果虽有很大的离散性但仍有规律可循。

首先，单孔装药条件下各测点的振动周期可近似取值：$T=1/f$（f 为质点振动主频，Hz），则测点 1、2、3、0 处的振动周期分别为 17.2ms、11.5ms、9.3ms、12.23ms。在本次微差模拟中采用的微差时间间隔是现实雷管的真实微差时间，通过计算，25ms、50ms、75ms、100ms 分别接近各测点二分之一振动周期的 N 倍，根据干扰降振理论：$\Delta t=（2n-1）T/2$ 时振动效应相减，$\Delta t=nT$ 时振动效应相加。然而模拟结果显示爆破振动信号表现出的是非平稳随机信号，并没有明显的周期性，信号的增强与减弱并没有严格遵循本规律。

主频方面，叠加信号的振动主频在微差时间的影响下似乎无变化规律可循，但各测点处叠加信号的振动主频在四种微差时间下出现与单段信号振动主频相同的概率分别为 2/4、1/4、2/4、4/4。因此，可以验证关于"叠加信号的主频随微差时间的不同主要集中在以被叠加子信号主频为主的几个频率上"的结论。

振动持续时间方面，模型中不同微差时间下的爆破地震波振动控制时间定为 0.6s。从图 8-13 可以看出，当微差时间较大时，质点的振动时程曲线中有效振动时间（将大于质点振动峰值速度 5% 的质点振动速度作为有效振动速度）较长，在定义的控制时间范围内地震波可能未衰减完。也就是说，爆破地震动的时域随着微差时间的增加而增大；另外，由于衡量爆破地震波能量的因素主要为质点振动速度，所以随着微差时间的增加，地震波的总能量会有所增大，但分散性也相应变大。

8.4
爆心距对爆破地震波
传播特性的影响分析

为了研究爆破振动地震波在传播过程中的衰减规律，在研究爆破振动特性影响参数时，笔者分别对前述四个测点处的质点振动情况进行了对比，结合表

8-2、表 8-5～表 8-11、表 8-13、表 8-14，得出爆破地震波在传播过程中，质点振动峰值速度及振动主频趋势，见图 8-14（为了节省篇幅，文中只列出不同装药结构条件下的地震波衰减规律图，其他未列出部分可参照表 8-14）。

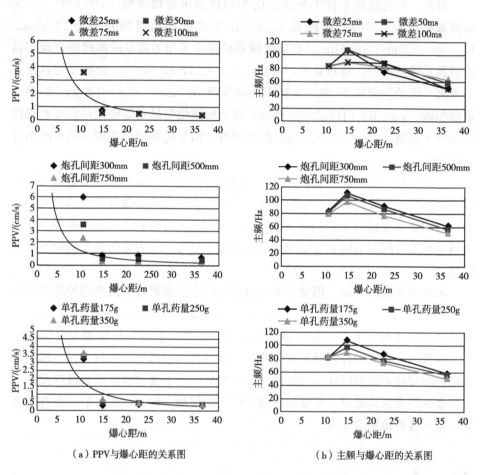

（a）PPV 与爆心距的关系图　　　　（b）主频与爆心距的关系图

图 8-14　爆破地震波特性随爆心距的衰减规律图

现实工程中，由于设备自身条件及受到安全威胁的限制，在爆破现场很难预测到爆破近区的质点振动信号，为了证实利用实测数据拟合回归得到的爆破地震波传播规律的相关结论，本节增加了测点 0，以反映爆破近区的质点振动情况。结果显示，爆破地震波在传播过程中，质点振动峰值速度的变化规律呈指数函数衰减趋势；主频方面，地震波由爆破近区向远区的传播过程中，地震波的主振频率随爆心距的增加呈现先增后减的变化趋势。

8.5

小结

  本章通过数值模拟的方法研究了爆破振动信号特性在不同影响因素条件下的变化规律，也为前面章节中利用实测数据得出的相关结论提供了支撑材料，实现了爆破振动规律由经验算法向理论的转变。前面章节中由于测试条件的限制，未得到有关爆破近区的实测数据及地震波传播规律，本章节通过模拟对近区地震波传播规律进行了有益的探索。经分析，认为前面章节中得出的结论基本都可以在数值模型分析结果中得到证实；爆破地震波由爆破近区向远区的传播过程中，地震波的主振频率随爆心距的增加呈现先增后减的变化趋势。

参考文献

[1]孟吉复，惠鸿斌. 爆破测试技术[M].北京：冶金工业出版社，1992.

[2]田树昆，刘所林. 抛掷爆破在宝利露天煤矿的应用[J]. 现代矿业，2012，10：79-80.

[3]张引良. 黑岱沟露天煤矿抛掷爆破的技术探讨[J]. 露天采矿技术，2011，2：32-33.

[4]Siskind D E,Stagg M S. Surface mine blasting near transmission pipelines [J]. Mining, 1994, 46(12)：1357-1360.

[5]Rudenko D. Understanding blast vibration[J]. Pit Quarry, 1998, 91(2)：30-33.

[6]Sunu M Z. The effect of blast-and-plant-induced vibration on surface mining operations [J]. Mining Science and Technology, 1991, 12(2)：167-177.

[7]李德林，方向. 爆破震动效应对建筑物的影响[J]. 工程爆破，2004，10(2)：66-69.

[8]崔毛毛. 地下采矿爆破震动对地面民房建筑物的影响[D]. 包头：内蒙古科技大学，2012.

[9]黄明利，孟小伟，谭忠盛. 浅埋隧道下穿密集房屋爆破减震技术研究[J]. 地下空间与工程学报，2012，8(2)：423-427.

[10]杨海书，林从谋，林丽群. 复杂结构体系下隧道爆破震动对房屋影响的试验研究[J]. 山东科技大学学报(自然科学版)，2011，30(2)：65-69.

[11]Charles H D. Monitoring and control of blast effect[J]. Mining Engineering, 1990, 42(1)：746-760.

[12]Akiyama H. Earthquake-resistant limit-state design for building[M]. Tokyo：University of Tokyo Press，1985.

[13]言志信，王永和，江平，等. 爆破地震测试及建筑结构安全标准研究[J]. 岩石力学与工程学报，2003，22(11)：1907-1911.

[14]Wheeler R M. How millisecond delay periods may enhance or deduce blast vibration effects[J]. Mining Engineering, 1988, 40(10)：969-973.

[15]丁桦，郑敏哲. 爆破震动等效载荷模型[J]. 中国科学(E辑)，2003，33(1)：82-90.

[16]Sharpe J A. The production of elastic waves by explosion pressure [J]. Geophysics, 1942, 7(3)：311-321.

[17]Heelan P A. Radiation from a cylindrical source of finite length[J]. Geophysics，1953，8：685-696.

[18]Kennett B L N. Seismic wave propagation in stratified media[M]. Cambridge：Cambridge University press，1983.

[19]Flynn E C, Stump B W. Effect of source depth on near surface seismograma[J]. Journal of Geophysical Research,1988,93(135)：4820-4834.

[20]Blake F G. Spherical wave propagation in solid media[J]. The Journal of the Acoustical Society of America, 1952, 24(2)：211-215.

[21]Yang X, Stump B W, Phillips W S. Source mechanism of an explosively induced mine collapse[J]. Bulletin of the Seismological Society America, 1998, 88(1)：843-854.

[22]Ziolkowski A M, Lerwill W E, March D W, et al. Wavelet deconvolution using a source scaling[J]. Geophysical Prospecting, 1980, 28(6)：872-901.

[23]Ziolkowski A M. Source array scaling for wavelet deconvolution[J]. Geophysical Prospecting, 1980, 28(6)：902-918.

[24]孙为国. 岩土介质中爆炸震源与地震波及其效应的研究[D]. 北京:北京理工大学, 1998.

[25]张雪亮,黄树棠. 爆破地震效应[M]. 北京:地震出版社, 1981.

[26]Jiang J J. 地下震源引起的地表震动, 第四届全国煤炭爆破学术会议论文集[C]. 北京:冶金工业出版社, 1995, 7：85-92.

[27]黄忆龙. 爆破地震波及传播特性研究[D]. 北京:中国矿业大学, 2001.

[28]徐全军,王希之,季茂荣,等. 柱状装药激发的应力波场求解初探[J]. 兵工学报, 2002, 23(3)：320-323.

[29]亨利奇. 爆炸动力学及其应用[M]. 熊建国,译. 北京:科学出版社, 1987.

[30]Mindlin R Detal. Effects of an oscillating tangential force on the contact surface of elastic spheres[J]. Proc. lst US Cong. Appl. Mech, 1953;203-208.

[31]Walsh J B. The effect of crack on the compressibility of rock[J]. Journal of Geophysical Research, 1965, 70(2)：381-389.

[32]Sevrding B, Lehnick S H. 应力脉冲产生的裂缝贯穿深度[J]. International Journal of Rock Mechnics, Mining Sciences, Geomechanics Abstract, 1976, 13(3)：75-80.

[33]Blair D P, Jiang J J. Surface vibrations due to a vertical column of explosive[J]. International Journal of Rock Mechanics& Mining Sciences, 1995, 32(2)：149-154.

[34]张志呈. 论工程爆破震动的方向性[J]. 有色金属, 1985, 5：35-40.

[35]蔡袁强,陈成振,孙宏磊. 黏弹性饱和土中隧道在爆炸荷载作用下的动力响应[J]. 浙江大学学报, 2011, 45(9)：1658-1663.

[36]叶洲元,马建军,蔡陆军,等. 利用振动监测数据优化预测爆破质点振动速度[J]. 矿业研究与开发, 2003, 23(4)：48-51.

[37]孙业志,熊正明,周健. 黏弹性散体介质中波的传播和耗散[J]. 南方冶金学院学报, 2003, 24(1)：1-6.

[38]谢和平. 岩石混凝土损伤力学[M]. 徐州:中国矿业大学出版社, 1990.

[39]王明洋,钱七虎. 爆炸应力波通过节理裂隙带的衰减规律[J]. 岩土工程学报, 1995, 17(4)：42-46.

[40]郭玉学,于双久. 工业爆破地震效应的分析[C]//全国工程爆破学术会议论文选. 北京:冶金工业出版社, 1980：187-198.

[41]韩子荣. 金川矿区露天地下联合开采的爆破震动安全评定[J]. 矿业工程, 1985, 5(1)：1-6.

[42]楼沩涛,田兵,辛建文. 硬岩中地下爆炸的自由场位移衰减规律[J]. 爆炸与冲击, 1991, 11(2)：146-152.

[43]陈善良. 爆炸处理海淤软基的震动效应测试研究[C]//中国力学学会第四届全国工程爆破学术会议论文集. 第四届全国工程爆破学术会议, 陕西西安, 1989, 05.

[44]林学文,王兰民. 隧洞的爆破地震动效应问题[C]//中国土木工程学会防护工程学会第三次年会暨抗爆结构学术交流会论文集. 山东烟台, 1992, 09：280-283.

[45]于亚伦. 爆破振动质点振动轨迹的分析[J]. 金属矿山, 1985, 8：12-17.

[46]李宏田,王炳乾. 爆破地震效应若干问题的探讨[C]//中国土木工程防护工程学会第三次年会暨抗爆结构学术交流会论文集. 山东烟台, 1992, 09：284-289.

[47]杨桂桐,马元林. 关于山体爆破震动分布规律的认识[J]. 有色金属, 1981, 1：23-36.

[48]杨永琦,秦虎. 地形条件对爆破地震的影响的实验研究[C]//第二届全国煤炭爆破学术会议论文集. 第二届全国煤炭爆破学术会议, 湖南长沙, 1989, 10.

[49]龙维祺，傅学生. 爆破振速和振动频率的试验研究[J]. 有色金属，1986，3：34-36，39.

[50]丁凯，方向，范磊. 减震沟对爆破地震波能量特性影响试验研究[J]. 振动与冲击，2012，31(13)：113-118.

[51]王晨龙，张世平，张昌锁. 边坡爆破开挖中减震沟合理尺寸的确定[J]. 爆破，2013，30(1)：50-53.

[52]杨建华，卢文波，陈明. 岩石爆破开挖诱发振动的等效模拟方法[J]. 爆炸与冲击，2012，32(2)：157-163.

[53]潘阳，赵光明，孟祥瑞. 基于 Hoek-Brown 经验准则分析圆形硐室围岩弹塑性应力和[J]. 工程地质学报，2007，15(5)：637-641.

[54]王祥厚，杨用华. 梯段爆破爆堆堆积的数值计算与图形模拟的研究应[J]. 贵州工业大学学报，2000，29(5)：45-51.

[55]李铮，杨昇田. 线形装药强爆炸地震反应谱与地震力计算[J]. 爆炸与冲击，1991，11(1)：1-10.

[56]高克林，邢占利，宋克英，等. 台阶炮孔排间毫秒延时爆破爆堆形状的计算机模拟[J]. 爆破，2005，22(4)：35-37.

[57]林秀英，张志呈. 爆破振动波的相干函数的数学模型[J]. 世界采矿快报，1999，15(5)：34-37.

[58]Birch W J, Pegden M. Improved prediction of ground vibrations from blasting at quarries[J]. Transactions of the Institution of Mining and Metallurgy (Section A)：Mining Industry, 2000, 109：A102-A106.

[59]汪新亭. 程潮铁矿地下开采中深孔爆破震动研究[D]. 武汉：武汉科技大学，2007.

[60]Digby P J, Nilsson L, Bergman B O. 在脆性岩石中爆破引起的振动、破坏以及破碎过程的计算机模拟[C]//陈志珍，译. 第一届全国际爆破破岩会议论文集. 冶金部长沙矿冶研究院岩石工程咨询公司，1984：227-233.

[61]Yoshida H, Horii H. Excavation analysis of a large-scale underground power house cavern by micromechanics-based continuum model of jointed rock mass[J]. International Journal of Rock Mechanics & Mining Sciences & Geomechanics, 1997, 34(3)：569.

[62]赵以贤，王良国. 爆破荷载所用下地下拱形结构动态分析[J]. 爆炸与冲击，1995，15(3)：201-211.

[63]Boore D M, Joyner W B. 高频强震地面运动的预测[C]//陈志珍，译. 第一届全国际爆破破岩会议论文集. 冶金部长沙矿冶研究院岩石工程咨询公司，1984：25-38.

[64]高文乐，赵锦桥，张命启. 爆破时间对地震机应的影响[J]. 爆破，2009，26：91-92.

[65]Dhakal R P, Pan T C. Response characteristics of structures subjected to blasting-induced ground motion [J]. International Journal of Impact Impact Engineering , 2003, 28：813-828.

[66]李铮，朱瑞庚. 爆破地震波振速的特征系数与衰减指数的研究[J]. 爆炸与冲击，1986，6(3)：224-226.

[67]吴从师，吴其苏. 爆破地震模拟初探[J]. 爆炸与冲击，1990，10(2)：170-175.

[68]吴从师，余灿. 用等震系统预测爆破震动[J]. 世界采矿快报，1990，6 (10)：15-17.

[69]刘军，吴从师. 用传递函数预报建筑物的爆破地震效应[J]. 矿冶工程，1998，18(4)：1-4.

[70]林秀英，张志呈. 爆破地震波的频谱分析[J]. 中国矿业，2000，9(6)：77-80.

[71]刘军，吴从师，高全臣. 建筑结构对爆破震动的响应预测[J]. 爆炸与冲击，2002，20(4)：333-337.

[72]徐全军，刘强，聂渝军. 爆破地震峰值预报神经网络研究[J]. 爆炸与冲击，1999，19(2)：133-138.

[73]徐全军，张庆明. 爆破地震峰值的神经网络预报模型[J]. 北京理工大学学报，1998，18(14)：472-475.

[74]黄光球，桂中岳. 确定爆破工程中真实经验公式的遗传规划方法[J]. 工程爆破，1997，3(3)：15-22.

[75]钱七虎,陈士海. 爆破地震效应[J]. 爆破,2004,21(2):1-5.

[76]陈士海. 爆破地震动作用下结构震动响应研究现状与发展[J]. 爆破(增刊),2003,20:96-102.

[77]娄建武. 小波分析在结构爆破震动效应能量分析法中的应用[J]. 世界地震工程,2001,3(17):1.

[78]张正宇. 工程爆破震动的破坏标准[J]. 长江水利水电科学研究院院报,1986,3(21):92-103.

[79]凌同华,李夕兵. 单段爆破震动的动态响应分析[J]. 中南大学学报,2007,38(3):551-554.

[80]李铁英. 高层建筑结构在地震作用下的竖向振动研究[J]. 太原工业大学学报,1997,28:86-90.

[81]吴从根. 地下大爆破时地震效应对地下构筑物强度的影响[J]. 有色金属,1981,36(4):30-34.

[82]易方民,高小旺. 高层建筑钢结构在多维地震动输入作用下的反应[J]. 建筑结构学报,2003,24(3):33-34.

[83]张永兵,秦荣,李双蓓. 3层钢结构非线性地震反应的变增益模糊控制[J]. 振动与冲击,2008,27(10):106-110,120.

[84]朱瑞赓,李铮. 爆破地震波作用下隧道的安全距离问题[J]. 地下工程,1981,4:26-33.

[85]陈士海,马方兴,魏海霞. 爆破地震动三向荷载分量对结构动态响应研究[J]. 山东科技大学学报,2006,25(4):39-42,49.

[86]汪芳. 框架结构在爆破地震波作用下的动力安全性分析[D]. 武汉:武汉理工大学,2006.

[87]朱继海. 非平稳振动信号分析[J]. 振动与冲击,2000,19(1):86-87.

[88]张贤达,保铮. 非随机信号分析与处理[M]. 北京:国防工业出版社,1998.

[89]王宏禹. 非平稳随机信号分析与处理[M]. 北京:国防工业出版社,1999.

[90]李国新,焦清介,黄正平. 爆炸测试技术[M]. 北京:北京理工大学出版社,2005.

[91]张智超,刘汉龙,陈玉民. 爆破地震的数值模拟及爆破振动规律分析[J]. 郑州大学学报(工学版),2012,33(5):10-16.

[92]张智超,刘汉龙,陈玉民. 微差爆破模拟天然地震的数值分析与效果评价[J]. 岩土力学,2013,31(1):265-274.

[93]张在晨,林从谋,黄志波,等. 爆破振动特征参量的BP小波预测[J]. 华侨大学学报(自然科学版),2013,01:77-81.

[94]李胜林,栗曰峰,李奎,等. 爆破振动速度预测误差的可靠性分析[J]. 爆破,2013,3(1):119-121.

[95]Benham M. Restoration of single channel images using a wavelet-based sub-band decomposition [J]. IEES Trans actions on Acoustics,Speech,and Singal Procesing,1994,3(6):821-833.

[96]Mallat S. Multi-frequency channel decompositions of images and wavelet models[J]. IEES Trans,actions on Acoustics,Speech,and Singal Procesing,1989,ASSP-37(12):2091-2110.

[97]Gurley K,Kareem A. Applications of wavelet transforms in earthquake,wind and ocean engineering [J]. Engineering structures,1999,21(2):149-167.

[98]王经民. 小波分析[M]. 咸阳:西北农林科技大学出版社,2004:90-95.

[99]东兆星. 爆破工程[M]. 北京:中国建筑工业出版社,2005.

[100]杨军. 岩石爆破机理[M]. 北京:冶金工业出版社,2004.

[101]张雪亮,黄树棠. 爆破地震效应[M]. 北京:地震出版社,1981:4-5,58-63,159.

[102]成礼智,王红霞. 小波的理论与应用[M]. 北京:科学出版社,2006:75-125.

[103]张德丰. 小波分析与工程应用[M]. 北京:国防工业出版社,2008:254-271.

[104]焦红伟. 复变函数与积分变换[M]. 北京:北京大学出版社,2007.

[105]李红. 复变函数与积分变换[M]. 武汉:华中科技大学出版社,2008.

[106]王洪亮，葛涛，王德荣. 块系岩体动力特性理论与试验对比分析[J]. 岩石力学与工程学报，2007，26(5)：951-958.

[107]Nordyke M D. An analysis of cratering data from desert alluvium[J]. Journal of Geophysical Research，1962，67(5)：1965-1974.

[108]葛涛，王明洋，赵跃堂. 岩体中爆炸分区最大半径的计算[J]. 防护工程，2005，27(5)：11-14.

[109]唐廷，王明洋，葛涛. 地下爆炸的地表运动研究[J]. 岩石力学与工程学报，2007，26(1)：3528-3532.

[110]白金泽. LS-DYNA3D理论基础与实例分析[M]. 北京：科学出版社，2005，1-17.

[111]尚晓江，苏建宁. ANSYS/LS-DYNA动力分析方法与工程实例[M]. 北京：中国水利水电出版社，2006：2-16.

[112]时党勇，李裕春，张胜民. 基于ANSYS/LS-DYNA8.1进行显式动力分析[M]. 北京：清华大学出版社，2005.

[113]宋光明，曾新吾，陈寿如，等. 基于小波包分析的爆破振动危害评价初探[J]. 安全与环境学报，2002(2)：23-26.

[114]黄文华，徐全军，沈蔚，等. 小波变换在判断爆破地震危害中的作用[J]. 工程爆破，2001(1)：24-27.

[115]林大超，施惠基，白春华，等. 爆破震动时频分布的小波包分析[J]. 工程爆破，2002(8)：1-6.

[116]刘建亮. 石方机械化施工技术[M]. 北京：科学出版社，1997.

[117]魏明果. 实用小波分析[M]. 北京：北京理工大学出版社，2005：36-39.

[118]肖旺新，肖正学，黄卫. 小波分析在爆破图像裂纹识别中的应用[J]. 煤炭学报，2002(5)：521-524.

[119]戈鹤川，杨年华. 爆破振动测试技术及安全评价问题探讨[A]. 第六届全国工程爆破学术会议，铁道工程爆破文集[C]. 北京：中国铁道出版社，2000.

[120]周家汉，陈善良，杨业敏，等. 爆破拆除建筑物时震动安全距离的确定[J]. 工程爆破文集，全国工程爆破学术会议论文选，北京：冶金工业出版社，1988：112-113.

[121]唐春海. 爆破地震动安全判据的初步探讨[J]. 有色金属，2001，53(1)：1-3.

[122]夏祥，李俊如，李海波，等. 爆破荷载作用下岩体振动特征的数值模拟[J]. 岩土力学. 2005，26(1)：50-56.

[123]王文龙. 钻眼爆破[M]. 北京：煤炭工业出版社. 1983.

[124]中玉民，倪之方. 地下工程开挖爆破的地面振动特征[J]. 岩石力学与工程学报，1997(03)：274-278.

[125]Ding H. Study on blasting vibration source[M]. Beijing：Metallurgical Industry Press，2002：252-255.

[126]李世雄. 小波变换及其应用[M]. 北京：高等教育出版社，1997：20-60.

[127]刘贵忠，邸双亮. 小波分析及其应用[M]. 西安：西安电子科技大学出版社，1997：52-53.

[128]林晖，张优云. 运用小波分析处理结构优化问题[J]. 计算力学学报，2000，17(3)：278-286.

[129]Weaver J B，Xu Y S，Healy D M，et al. Filtering noise from images with wavelet transforms[J]. Magnetic Resonance in Medicine，2010，21(2)：288-295.

[130]彭玉华. 小波变换与工程应用[M]. 北京：科学出版社，1999.